中国乡村建设系列丛书

把农村建设得更像农村

太平小镇

柳建 著

江苏凤凰科学技术出版社

序

太子小镇虽然叫镇，但实为太子山国有林场职工集聚区，在集聚后慢慢形成现今类似于乡镇的集镇。太子山历史复杂，隶属于湖北省林业厅直管机构，而不属于地方政府。因此，太子小镇在发展过程中几乎很难享受到中央政府给予的美丽乡村、新农村建设、生态文明村等待遇。作为省林业厅直属单位，林场受限于生态保护的特殊性，整体发展比较缓慢且被动。作为事业单位，林场要借助自身力量，鼓励创新，兴办产业，这是我们承接此项目的背景条件，也是北京市延庆区绿十字生态文化传播中心（以下简称“绿十字”）一直计划由乡村建设迈向城镇设计的重要步骤。

当时，时任太子山林场管理局（以下简称“林管局”）局长的柯艳山来找我做项目。虽然是多年好友，但起初我并没有接受，因为此项目有很多问题。林管局的职工身份特殊，长期被局限在一小方天地，职工感觉很迷茫，似乎看不到希望。然而，太子山具有良好的自然条件，森林覆盖率高，“绿十字”作为一个环保组织，一直关注生态环境的建设。于是，我们打算接手此项目，并将太子小镇定位为“一个读书与劳动的地方”，竭尽全力地帮助职工改变他们的生活习惯，共同为社会的发展贡献力量，这也是我们承接此项目的初心。

项目该怎么做？在遵守“绿十字”规则的同时，要对政府、职工和项目负责。项目由谁来做？主创设计师柳建经过四川省雅安市灾后重建戴维村项目的历练，在这方面积累了丰富的经验。他善于与政府机构沟通，确保项目实施的规范性，遵守各项程序，并且将相关责任落到实处。同时，这是我们首次承接完整的小镇项目，按照太子小镇的地理位置、人群、业态等特点实施改造。

在建设过程中，我们多次对林场的职工进行培训，组织其学习、参观，将思想工作作为主要抓手。观念的转变是乡村建设中特别重要的环节，而这是很多地方相关部门不太关注的事情。太子小镇在这方面做得特别好，也是此项目取得成功的重要原因之一。

有了前期较好的铺垫，在项目实施过程中，我们依然采用以点带面的形式，由党员干部带头，以示范效应带动整个项目。此外，专业的施工队尤为重要。太子小镇项目选择与“绿十字”合作长达10年之久的施工队，负责人是郑世宏。这支农民施工队的工作做得极其细致。此项目从规划到施工，由农道（北京）建筑设计事务所有限公司［以下简称“农道（北京）”］负责整体把控，并且将项目的各个环节融为一体。项目最大的难点是完工之后由谁来运营的问题。“绿十字”组织林场职工前往软件培训基地接受培训。在整个项目实施过程中，硬件和软件两方面的建设同步进行。

在项目实施过程中还有一位关键人物——远安县旅游局副局长刘燕双。刘燕双爱好文学、喜欢旅游，针对此项目做了很多重要的沟通和思想工作。在项目后期，中国城镇化促进会城乡统筹委员会常务副秘书长李宁大大推动了小镇的研究、推广等工作。最终，在各方人士的共同努力下，有了今天的太子小镇。太子小镇项目为中国特色小镇的建设树立了一个典范，并且推动了中国特色森林小镇相关文件的起草工作。

孙君

孙君：“绿十字”发起人、总顾问，画家，中国乡村建设领军人物，坚持“把农村建设得更像农村”的理念。其乡村建设代表项目包括河南省信阳市郝堂村、湖北省广水市桃源村、四川省雅安市戴维村、湖南省怀化市高椅村等。

目录

1 激活小镇

1.1 初识小镇

项目名称：湖北省太子小镇核心区规划

项目性质：国有林场生活区提升与改造

用地面积：3 平方千米

项目位置：湖北省荆门市京山县太子山国有林场

居住人口：2200 人

项目时间：2014—2016 年

1.1.1 项目概况

林管局的生活办公区所形成的小镇区，林管局成立于 1957 年 11 月，原名为“国有太子山林场”，位于湖北省荆门市京山县境内，是湖北省林业厅唯一直属国有林场，总面积 7930 公顷，森林覆盖率 83%，活立木蓄积量 45.7 万立方米，是江汉平原北缘重要的生态屏障和石龙水库等饮用水源涵养林区，被誉为镶嵌在荆楚大地上的一颗璀璨的“绿色明珠”。

林管局先后荣获上百项国家、省、市级荣誉称号，2002 年被评定为国家级森林公园，2010 年被授予“国家生态文明教育基地”称号，现为北京林业大学、

“太子山建设纪念碑”屹立在公园里，象征着太子山精神

太子小镇区位分析

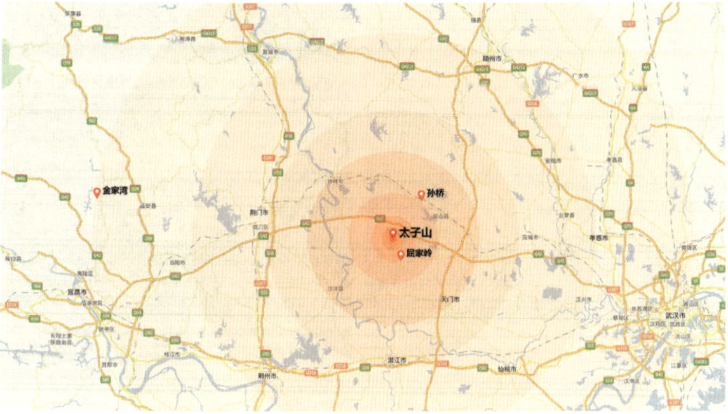

太子小镇区位

华中师范大学等省内外七所高校的教学实习基地。

林管局固定资产 5245 万元，流动资金 2127 万元，内设 14 个职能科室，下辖 4 个林场和 15 个直属单位，自办学校 1 所、医疗机构 1 个。

太子小镇是林管局职工工作、居住近 60 年来形成的集镇，是林管局机关所在地，也是森林公园管理处和所属石龙林场场部所在地。全局约 80% 的职工、90% 的职工家属和 70% 的流动人口都居住在这里，常住人口约 2200 人。经过多年的建设发展，这里已形成一个街道三纵三横、总面积近 3 平方千米的森林小镇。

小镇地理位置优越，交通条件便利，距湖北省会武汉及周边中型城市约 150 千米。小镇位于太子山国家森林公园中部，西侧紧邻农谷大道，与省道和荆武高速公路相连，东侧紧挨石龙水库。小镇整体为低岗丘陵地貌，规划面积 300 公顷；现有的建设用地主要分布在林管局周围，面积 32.99 公顷，人均建设面积 149 平方米。

太子山因嘉靖皇帝幼年曾在此狩猎、读书而得名，历史上是狂野、神秘的皇族天然猎苑，现今还保留着西汉王莽藏金洞和藏佛洞等古迹。此外，太子山拥有众多自然景观，比如仙女洞、仙女泉，以及独一无二的喀斯特地貌景观“石仓雨林”，随处可见“树抱石”和“石抱树”，树、石、藤相依而生，相形各异。

明朝嘉靖皇帝

王莽洞实景

1.1.2 项目背景

结合国家支持国有林场危旧房改造的政策，按照党的十八大关于建设生态文明和美丽中国的要求，林管局提出充分利用“国家森林公园”“国家林木良种基地”“国家生态文明教育基地”“国家森林生态产品生产基地”“国家森林养生基地”和“湖北文化创作交流基地”等品牌影响，积极参与荆京新型城镇化示范带建设，着力打造立足荆门、辐射全省、影响全国的生态旅游目的地和“宜居、宜游、宜业”的绿色家园。

同时，在国家层面进行部署：深入实施国有林场改革，是建设生态文明制度设计的重要内容，也是保障生态安全、提升生态公共产品供给能力、推进全面小康建设的迫切需要。“十二五”期间，国家不断加强国有林场改革工作力度；党的十八届三中全会和四中全会进一步明确了生态文明建设的顶层设计和总体部署，夯实国有林场改革路线；2015 年，中央政治局会议审议通过关于加快推进生态文明建设的意见；同年，中共中央、国务院印发《国有林场改革方案》，明确要求“坚持生态导向、保护优先”，推动国有林场发展模式由利用森林获取经济利益为主转变为保护森林提供生态服务为主。

随着《国务院关于促进健康服务业发展的若干意见》的出台，以及《住房城乡建设部 国家发展改革委 财政部关于开展特色小镇培育工作的通知》（建村［2016］147 号）、《关于加快美丽特色小（城）镇建设的指导意见》（发改规划〔2016〕2125 号）等文件的下发，作为统筹城乡发展的重要载体和实现新型城镇化的重要方式的特色小镇，成为全面深化改革背景下拥有丰富林业及生态资源的国有林场的优先发展路径，并陆续出现一些以森林资源为发展抓手的地方探索与实践。盘活生态资源，创建森林特色小镇，有助于破解空间资源匮乏、有效供给不足、要素聚合度不够、城乡二元结构等发展瓶颈，形成新的发展空间，进而保障国有林场高效履行生态文明建设职能。

在这样的背景下，林管局做出决策，坚持以森林生态保护为基础，以森林旅游业为龙头，以绿化苗木业为支柱，以林下经济及森林食品为手段，依托森林生态资源，抢抓建设“中国农谷核心区”、省级旅游名镇、旅游综合示范镇，对太子山集镇进行总体规划设计，把太子森林小镇建成生态旅游目的地、森林养生度假地、农耕文化展示地、林业文化的传承地、太子文化体验地和山水文化陶冶地。

1.1.3 小镇资源

刚接触此项目时，林管局的工作人员和设计团队只是确定了一个大方向，并没有制定具体的任务书。设计团队首先要对小镇进行一番详细的调研和梳理，了解太子山现有的资源状况。

1）上位规划

太子小镇紧邻屈家岭中国农谷，2012 年 5 月被纳入“中国农谷”核心区，成为荆门市区域旅游发展总体规划的主要板块。同年 8 月，经湖北省政府批准，局机关驻地太子山集镇被纳入湖北省第二批旅游名镇创建扶持计划，致力于打造近 3 平方千米的特色旅游名镇（即太子森林小镇）。2014 年 12 月，经省发改委考察论证，太子森林小镇被纳入全省旅游综合示范镇。

2）交通及旅游资源

太子小镇作为林场生活区，配套设施完善，树木植被生长良好，地形起伏多变，自然景观非常美丽。目前，小镇已建成宾馆、医院、会议设施、健身设施等，周边景观由下属单位管理，包括王莽洞、司马河、仙女泉、点兵堆等，外围有石龙水库、屈家岭史前遗址、绿林景区等，旅游资源比较完善。

太子山林管局办公楼，林管局的职能部门均在这里办公，这是小镇上最高的建筑物，站在窗边远眺，可将小镇景色尽收眼底

太子小镇绿化率高达 83%，大多数树木胸径很粗，树龄超过 40 年，从高处望去，多数房子被绿树掩映

太子小镇几年前着手发展旅游业，在小镇中心设立了旅游服务中心，林管局成立了旅游公司，在此次小镇改造之前，主要负责王莽洞景区的管理与经营

小镇上设施齐备，有自己的职工医院，这为将来小镇的产业发展奠定了良好的基础

小镇的接待宾馆，住宿、餐饮、会议功能比较齐全，可满足中小型会议需求

太子山地处丘陵地带，春暖花开之时，山坡上嫩绿的新草仿佛一片片起伏的绿毯

司马河流经小镇，秋天里红色的水杉和绿色的草地交相辉映

王莽洞风景区入口

森林公园里的王莽洞是一个天然形成的钟乳石洞，相传系西汉末年王莽藏金之穴。洞口垂直而下，深达千米，大景、小景遍布洞中，大小钟乳奇形怪状、色彩斑斓。洞中有洞，路中有路，险中有险，乐中有乐，天地人间融为一体，日月山川系于一身，被誉为“天然健身房”，是太子山国家森林公园的核心景区。

景区中成片的次生林形成了一个“天然氧吧”，人们在这里露营、健身、听鸟叫

景区里藤蔓丛生，常见的有葛藤、常青藤和紫藤，形状各异，姿态奇美

山间常见溪水深潭，仙女林场里还有一片天然的泉水——仙女泉

在特色农产品方面，小镇拥有得天独厚的林下药材、林下种殖的优势，有山桃、土鸡蛋、灵芝和天麻等优良产品。此外，这里是全国不多的对节白蜡产地之一，备受盆景玩家赞誉。

3）人力资源

太子小镇最为独特的资源是镇上的居民。当地人多为林业工人出身，几乎人人种花种草，而且善于栽种，从花草到盆景，从灌木到乔木，样样精通。试想一下，哪里的居民全都是“园林巧匠”？这便是太子小镇最具特色且最为难得的地方，为后期小镇的改造奠定了很好的基础。

小镇上的居民个个是种植花草的能手，很多人家的后院里摆放着自己制作的盆景，盆景中放置最多的便是以“盆景王”著称的对节白蜡，还有很多从山里采回来的奇石

1.2 总体定位

1.2.1 居民意愿

镇上的居民希望全面治理城镇周边的杂草、荒地和土堆等，营造更加美观、舒适的生活环境；充分利用自家现有的资源，使自己的收入更加丰厚；镇上多些年轻人、多些游客，小镇充满活力，自家的盆景和特色菜也卖得更好。

镇上生活的老人

1.2.2 林管局意愿

林管局建场近 60 年，前 40 年是伐林，后 20 年是守林。随着林场“木头”效益的不断下降，林场受到各方面的限制，面临的可持续发展问题日趋严峻：一是负债压力大，国有或国有控股金融机构发放的不良债务（因建造公益林而产生的债务）较多；二是社会负担重，退休职工占比较大；三是发展能力不足，林场经营长期处于产业链底端，经济收入结构单一，利润较低；四是职工创造力弱，在岗职工队伍结构老化、更新缓慢、转变发展的主观能动性不足。总之，整体发展任务十分艰巨。如何找到一条有效、合理的道路，推动林业产业转型，以林养林，以林致富，是林管局最大的愿望。

多年建设形成的太子山集镇，虽然解决了职工住房问题，但存在环境不美观、设施不健全、功能不完善、危旧房屋多、创业场所少等突出问题，林管局希望此项目能够美化周边环境，改善居住条件，为后期的招商和经营创造有利条件。

1.2.3 设计师意愿

首先，设计师应考虑如何利用小镇现有的资源，在可承受的投入范围内，确定小镇未来的发展方向以及符合自身特点的产业规划，从而实现可持续发展。

其次，当地林场职工远离城市，属于在编工人。这意味着国家出台的一系列解决“三农问题”的有利政策，林场职工享受不到，而城市发展带来的种种机遇，林场职工也享受不到，从而造成一种“非城非农”的尴尬境地。如何通过合理的规划设计，让小镇居民既有产业工人的稳定待遇，同时享受到田园生活优质的自然环境，也就是说，把“非城非农”的劣势转变成独特的“半城半农”的优势，是项目团队需要解决的问题。

该镇区的规划范围如此之大，任务量非常繁重，实施起来很庞杂，如何找到合适的切入点，通过“大规划，小切入”的方式，让规划设计顺利地落地实施，是项目团队最大的愿望。

1）制定任务书

在明确具体任务之后，设计团队和林管局工作人员共同制定了设计任务书，其中除了规划设计的必要工作，还包括针对林场职工的宣讲工作、对后期业态及经营的专题策划，以及确保规划设计落地实施的全程陪伴式服务。

孙君老师开会布置工作

项目前期，设计团队通过不断地交流和宣讲，与林管局工作人员针对规划理念进行充分沟通。只有充分了解职工需求和当地的实际情况，才能找到最切实可行的方法，确保规划设计落地实施。

特别有意思的是，在调研和讨论阶段，设计师发现，林管局之前做过规划，而且编制了一本厚厚的手册。设计师很奇怪，既然之前做过，为什么现在还要做？局相关领导说，之前的规划做得很漂亮，但不知道如何落地实施，感觉“打开规划很激动，合上规划很茫然”。原先的规划要花费30亿元，但可用资金只有几千万元，无法实施。因此，这次一定要做一个能够落地的规划设计。这也对设计师提出了要求：提供陪伴式服务，涵盖前期的规划设计、中期的建筑单体和景观营造，以及后期的施工建设。

2）规划目标和定位

营造中国“最美森林小镇”，创建“太子山”品牌。

利用当地林业特色，营造中国最美的森林小镇。这里的建筑氛围和环境属于“原生态”，非常接地气，令人倍感亲和。通过太子小镇的营造和旅游宣传及推广，最终创建“太子山”品牌，使之具有深远的品牌价值。把太子山的特产（比如苗木、盆景、林下产品等）融入“太子山”品牌，予以销售，提高居民及林场的收益；结合旅游服务，吸引年轻人返乡，吸引外来人才，提升太子山居民的幸福指数。

（1）总体定位：太子小镇以森林旅游度假胜地为总体定位，以森林旅游景观为主体，以优良的自然环境为基础，融合“中国农谷”文化，坚持“保护优先、合理开发、永续利用”的基本原则；以市场为导向，突出森林生态旅游主题，树立回归森林、修身养性的小镇形象，打造集生态观光、休闲度假、运动健身、文化信仰及科普教育于一体的自然生态保护地及森林旅游区；开拓创新，营造精品，开发独具特色的旅游资源，打造观赏性强、参与性强、多层次、多元化的旅游产品，加强旅游业软环境建设，力争森林旅游高起点、高效率、大发展。

（2）品牌定位：“太子小镇”，一个读书和劳动的地方。

太子山得名是因为明朝嘉靖皇帝幼年曾经在此狩猎、读书。设计团队力求营造安逸、祥和的乡村，使太子小镇成为一个适合读书和劳动的地方，让都市里忙碌的人们在这里慢下来，有机会思考和充电。

（3）形象定位：回归森林、修身养性，是太子小镇的旅游定位。太子小镇适合开发休闲游和体验游。这里的森林覆盖率达 83%，负氧离子含量是武汉市的 800 倍。住上几天，呼吸这里特有的空气，看到特有的夜空，听到特有的鸟鸣，修养身心，回归自然。

（4）功能定位：太子小镇的功能定位是“旅游集散地”。在未来，周边区域的旅游业以这里为中心，游客先到太子山住下，再从这里出发，前往周边不同的景点游玩。

太子小镇交通便捷，位于农谷大道与石龙水库之间，离王莽洞仅 10 分钟车程，是游客最佳的旅居之地。小镇上生活配套设施齐全，适合作为旅游集散地。小镇南部建有湖北文化创作交流基地，可供食宿、召开会议。小镇上建有三星级的太子宾馆，加之后期规划的民宿接待设施，搭建了差异化定位的基础设施构架。

3）发展构想

在经济发展方面，设计师应尊重主体，引导市场，使以林场改革为基础的新林场文化与经济建设并行发展，探索并保持集体领导下的经济模式，在尊重当地文化的前提下，构建小镇最佳的发展模式。

同时，加强太子山国家森林公园内各景点以及太子小镇各旅游项目的宣传力度，鼓励森林旅游、养老养生、读书养心、果品采摘等项目的建设，打造“小镇观光－读书－修养（一天行程）”和“徒步游－住宿－景区观光－采摘（两天行程）”的游览路线。通过当地特色果品、小镇建设空间特色、小镇服务设施等方面吸引前往太子小镇其他景区的游客回程途中在此停留，促进其消费。

此外，扩大园艺、苗圃、盆景、花海等特色林艺的种植规模，积极引进新品种和新技术；扩大以游客为销售对象的销售规模，与旅游业协调发展；增建小镇的商业设施和旅游接待设施，如商店、菜市场、酒店、林艺品店等；增加小镇的旅游项目和景观设计，如丛林婚纱摄影、露营烧烤、绿地景观、亲水栈道等；开发森林探险、观光狩猎、运动健身、赏花休闲及养生度假等特色项目。

4）待解决的问题

小镇上果林花木成片种植，产业链却不完整。虽然单类果品不错，但缺少一定规模的果品基地，且产品通过自发的模式销售，未形成品牌。旅游业初步发展，开发了果品采摘、林艺交流会等旅游项目，但现有的生态资源知名度不高，不具备完善、完整的旅游线路，且小镇旅游配套较落后。如何利用“中国农谷”题材、丰富旅游资源、改变小镇旅游风貌、提高知名度是目前急需解决的重要问题。

太子山林管局驻地距城市有一定的距离，居民多为林场职工，对教育生活和居住质量要求较高，需加大力度推动经济发展，吸引行业人士对太子小镇注入资金并提供政策支持。此外，太子小镇的文化风貌不足，需要在建筑及景观方面打造旅游名镇的特色风貌，改善市容市貌，强化旅游印象，统筹建设镇区的基础设施，解决总规用地性质方面的矛盾。

2 太子小镇今与昔

小镇上的街道和房屋从 20 世纪 60 年代开始建设和整治。建筑物种类繁多，有最早供林场职工居住的红砖单层房屋，有瓷砖饰面的双层房屋，也有比较新的六层住宅楼。这里的建筑物缺少特色，职工自发地将沿街首层作为经营店铺。除了住宅，还有办公楼和医院等公共建筑。小镇的景观绿化非常丰富，不宽的街道两侧种植着高大的树木，加之地形本身连绵起伏，每条街道都绿意盎然。除了道路，有些空地上的植物生长过于茂盛，因长期无人打理，看上去有些杂乱。

小镇上道路两旁的建筑物多是 20 世纪 80 年代建造的瓷砖饰面房屋，也有双层独立住宅和多层集中住宅，样式千篇一律

街道转角的房屋可以明显看出是经过设计的，具有比较显著的风格特点

这是林场建场时期的红砖房，供林场职工居住，后几经改造，电线和水管在建筑外墙穿插布置

街道比较宽阔，以水泥地面为主，两侧有花坛，里面栽种着茂密的绿化植物

主路两侧的房屋高于街道，较长的台阶延伸至路面，房屋门前有宽阔的平台

街道两侧有小卖部，主要销售食品及日用品

在完成小镇的整体规划之后便进入实施阶段。主要任务包括：对镇上的环境和建筑进行整治和提升。

环境景观方面，主要结合地形本身的特点，以整治为主，不做过多干预，避免由于土方量的增加而导致投资加大，保留原有植物，补种的植物以当地植物为主；对于原有环境中不合理的地方稍加调整，清理过于杂乱的植物，确保视线的穿透性。

建筑改造方面，首先需要对目前的房屋使用情况、居住的家庭成员数量、家庭主要收入等进行详细的调研；其次，确定后期发展的方向，如房屋用于自住还是经营，如果是经营，哪种业态比较合适，业主有什么技能和经营意向。经过认真地梳理，确定房屋的使用功能和投资额度，然后在此基础上进行改造设计。改造设计时，尽量不影响原有房屋结构，并确保造价合理。

小镇的朝霞

清晨的小路

朝阳中的小镇

在环境改造过程中，将原来过宽的路面适当收窄，绿化花坛经过改造，使视线更加通透

原有房屋高于路面，对台阶进行改造，通过矮墙围出房屋前的院落；改造原来的花坛，道路两侧新增排水沟，丰富了街道的空间层次

原有的水泥路面改为沥青路面，对多层建筑的底层部分稍加调整

在原本较窄的道路两侧，将原来的绿化适当地调整为铺地，贯穿房屋门前，使人行和车行自然分隔

春季的太子小镇被花海围绕

太子花田景观改造前

太子花田景观改造后

树屋

树屋夜景

王岭路东段南侧改造房屋改造前

王岭路东段南侧改造房屋改造后

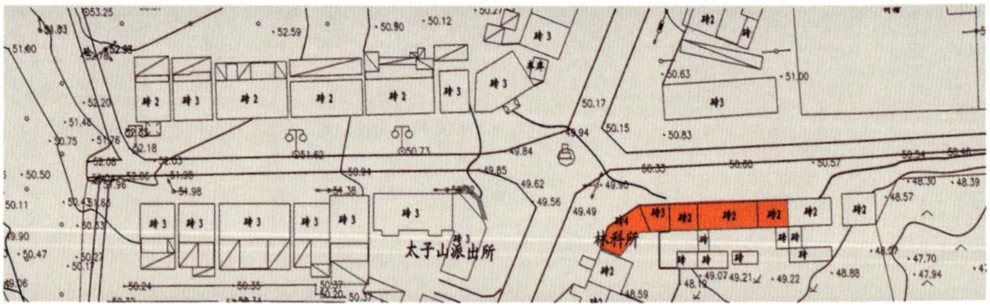

王岭路东段南侧改造房屋区位图

王岭路段西段南侧改造房屋改造前 1

王岭路段西段南侧改造房屋改造后 1

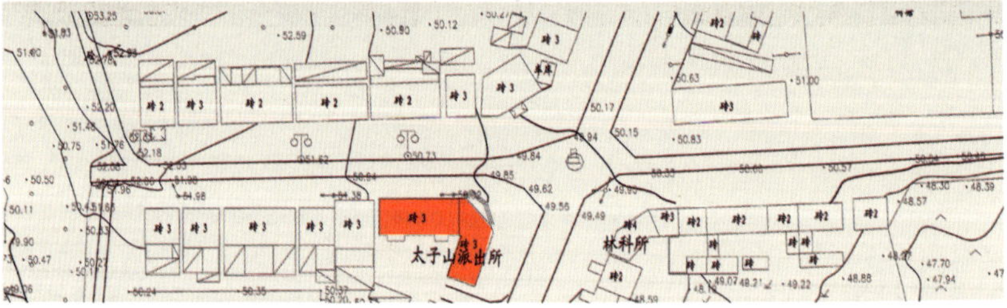

王岭路段西段南侧改造房屋区位图 1

王岭路西段南侧改造房屋改造前 2

王岭路西段南侧改造房屋改造后 2

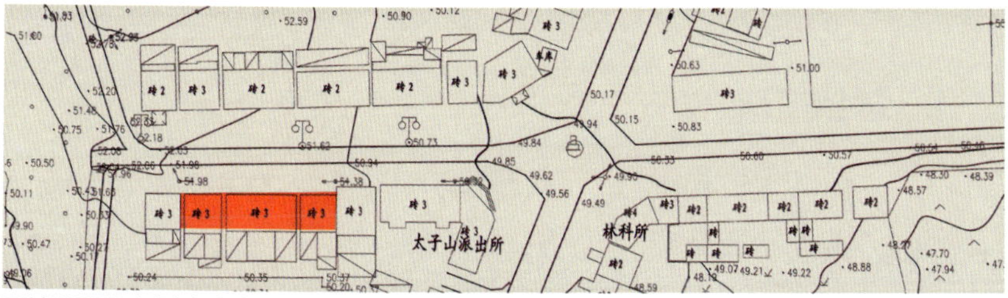

王岭路西段南侧改造房屋区位图 2

王岭路西段北侧改造房屋改造前

王岭路西段北侧改造房屋改造后

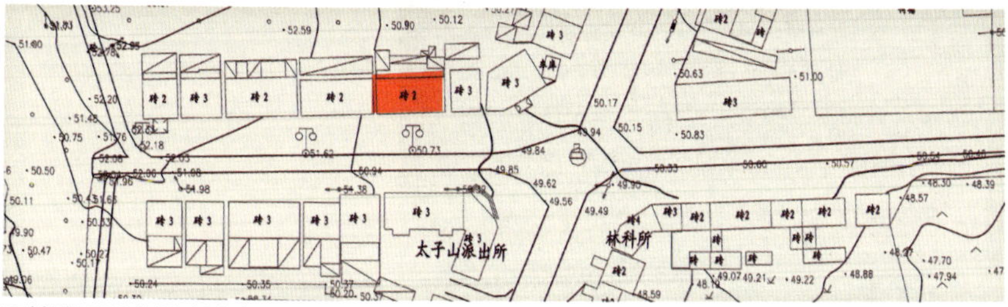

王岭路西段北侧改造房屋区位图

3 小镇营造

3.1 设计思路

3.1.1 总体规划

遵循“保护生态、顺应自然、外观古朴、功能现代、人与自然和谐相处、多种业态融合发展”的理念，因地制宜地进行规划设计，实施形式多样的集镇建设和民居改造，注重林场文化展示与民俗传承，精心打造“让游客留下来，让动物住下来，让文化传下来，让居民富起来”的绿色幸福家园。设计师依据

太子小镇总平面图

小镇现有特点制定整体规划，避免大拆大建，保留原有道路及绝大部分房屋，保持原有的地形地貌。以三纵三横的路网布局为基础，规划建设六个功能区：以太林大道和王岭路为主体，建设旅游风情街（客栈、餐饮、茶饮、歌吧、树屋、购物等）；以石龙路、雁门路、凤凰路为主体，建设清静、优雅的民居区；以东环线、仙女路为主体，建设森林与花卉景观大道；以西区水系景观为主体，建设森林养生度假区；以太子书苑为主体，建设读书养性区；以纪念碑广场为中心，建设体育运动健身区。

在小镇主要出入口设置入口标志性建筑以及游客中心和停车场；在小镇内根据空余用地的不同土地性质，设置小镇的基础设施，包括旅游接待设施、康养设施、办公生活设施等；保留小镇上的原有树林，结合树木资源设置小品及观赏设施；梳理小镇的交通系统，在不同的方位设立三个停车场以及换乘中心，设置慢行系统，搭建自行车栈道，并且将镇上的主要设施串联在一起。

3.1.2 环境整治

在小镇的营造过程中，环境整治最重要，首先便是基础环境景观的改造。完善道路设施，对路面进行修整、改造、画线；边沟采用当地卵石铺设，结合人行道的铺地，改造原有建筑门前的空地，通过设置台阶、挡墙等限定半私密空间和公共空间，使空间排布更加丰富、合理。通过改造，沿路的房屋门口有了院子，既能隔开道路和房屋，又为后期各家各户的经营提供了良好的条件。

采用红砖、灰瓦、琉璃瓦和碎石混合砌筑的台阶、挡墙

小镇上绿地很多，有的是闲置绿地，杂草丛生，蚊虫乱飞，还有人在这里扔垃圾。通过清洁卫生、梳理植物、设置小路和可供人休息的设施，把闲置绿地利用起来，拓展小镇的可用空间。

通过道路铺装、绿化种植、小品设施等一系列景观调整措施，道路两侧景观变得既丰富又有序

天然的石头经过整理和清洗，干垒出的效果更加丰富

通过环境整治，清除了很多低矮的树木，大树周边形成了空地，人们可以漫步其中

利用大树打造的景观小品

很多公共建筑的院子拆除了原有的围墙，空间更加顺畅，让景观自由地流动起来

道路两侧的植物多为当地常见的品种

池塘里的垃圾没有了，清澈的水面上满是周边树木的倒影

大环境变美了，细微处也有美的痕迹

路边的野花——春的馈赠

停车场的景观石墙

东环路入口位于太子小镇的北部，原为苗圃地，现新建一座标志性建筑物，俗称“破房子”，作为太子小镇的形象代表，希望能给旅客留下深刻印象。建筑建造中使用当地已拆除房屋的旧砖、旧瓦等废弃材料，进行艺术化的配搭，形成独特的建筑肌理；建筑形态巧妙，虽是残墙破瓦的形态，却有着“破旧立新”的寓意。此外，在建筑西侧放置一个旧式磨盘，与“破房子”融为一体，更彰显出太子山悠久的林场文化。

太子山标志物

西环路停车场位于太子小镇西侧，紧邻农谷大道。原为苗圃地，现改造为停车场并建设一面长 57 米的景观石墙。

在整治基础环境设施的同时，邀请了一批来自北京宋庄的艺术家，在小镇上创作了装置性艺术小品，如《记忆小屋》《望乡》《共生》等，以艺术化的方式反映小镇的面貌。

形态各异的垃圾桶

根据太子小镇的多元环境进行垃圾桶的规划与设计，比如依据广场、道路、森林、住宅等不同环境，设计不同造型的垃圾桶；垃圾桶的材质以木材为主，以钢铁、竹、麻绳为辅；垃圾桶的放置方式有四种，分别为地埋式、悬挂式、倾斜式和常规蹲地式。在设置垃圾桶的同时，对太子小镇的标志进行设计，以手写体“太子山”为主要标志，以石仓雨林的石头为衬底，左下配以三片锯齿叶片的对节白蜡树图形，形似手掌，意为“吉祥如意”。此外，对太子小镇的标志系统进行设计，以色彩明快的蓝色为底，标牌内容采用白色文字，与周边环境区分开来，易于分辨。

3.1.3 建筑改造

太子小镇的街区房屋改造主要集中于太林大道、王岭路、红门路这三条街道。沿街两边既有商业门面，也有自用住宅和市政建筑，少量为砖瓦房，其他为现代建筑，最高为五层，钢筋混凝土结构，外墙有砖面、瓷砖面和铝合金门窗。房屋建筑质量以二类（建筑质量一般，中高层）、三类（简陋，无户厕）为主。整体来看，建筑通风、保暖差。

这些房屋应配合规划，予以改造。按照小镇居民宜居与旅游宜业的需求，因地制宜、因人而异，一户一景、一户一色，精品改造与一般改造相结合，改善居住型与改善经营型相结合，改扩建与新建相结合，公共设施改造与居民房屋改造相结合，景观改造与景点改造相结合，使房屋的功能与美观效果融合在一起，确保小镇房屋外观建设风格典雅、别致，内饰精致、古朴，推动居民自居与产业发展相融合。改造之前，设计师对每一户进行详细调研，了解家庭收入、人口组成、家庭经济承受能力、房屋改造后的用途等情况，然后进行建筑测绘和方案设计。跟住户反复确认之后，才能开始施工。目前，小镇沿街大部分住户房屋已改造完成。

小镇地处湖北省，属于荆楚文化带，因此在建筑改造方面，应体现荆楚文化的地域特色。建筑特色介于南方和北方之间，以北方建筑的灰色调为主，兼具南方建筑轻巧雕饰的样式。另外，建筑应体现林场的经营特点。由于改造的费用主要由住户承担，费用有限，造价不能太高，可供选择的材料不多，因此设计团队主要采用灰砖与红砖的搭配，突出木构架的结构美，彰显原木的自然美。同时，聘用当地工匠，在建造过程中鼓励工匠采用当地常用的做法，使用当地材料及装饰物，注重传统工艺和传统技法的传承。

在改造完成的住户家中，根据个人意愿进行室内装修设计，内装的舒适性非常重要，直接关系到后期使用。室内装修的风格以自然、质朴为主，选用合适的材料，达到适度装修的效果，让来到这里的人们放松身心，避免因奢华的装修而产生压抑感。

室内装修实景

外立面改造实景 1

外立面改造实景 2

外立面改造实景 3

外立面改造实景 4

外立面改造实景 5

3.1.4 落地实施

设计之初，规划方案很快便确定了。后面近两年的时间里都是落地实施的过程。最大的难点是落地实施如何开始，从哪里开始。设计团队和林管局工作人员讨论之后，做出决定，落地实施从公共建筑和公共景观开始，以便让职工看到林管局的决心，同时组织会议，宣讲设计方案，安排外出考察和讨论，看别人怎么做，从而意识到自己和别人的差距，以此将小镇建设的思路贯彻下去。职工住宅的改造本着自愿报名的原则，谁报名谁先改造。在职工住房改造启动之初，林管局制定了一套完整的奖补措施，用来补贴个人房屋改造的费用。为了加快进度、体现效果，并打消职工的顾虑，指定了第一批改造的 6 户党员干部房屋作为示范户。在群众观望犹豫的时候，党员干部起到带头作用。公共建筑和第一批房屋改造完成之后，其外观效果很好地向职工呈现出来。于是，陆陆续续有很多人报名参与。原先设计团体计划只改造 2/3 的房屋，其余 1/3 不动，保留原来的样子做对比，可后来随着职工的积极性越来越高，绝大多数房屋都被纳入改造范围。这期间还有一个有意思的小故事，有一位职工被动员了好几次，还是不同意改造自家房屋，最后他家便作为保留项目。后来，左右邻居改造完成之后，他又找到林管局，希望自家房屋也能改造。问其原因，他说儿媳妇要来家里，两边的邻居家都那么漂亮，自己不改，会让儿媳妇觉得自己家的条件不好，感觉很没面子，所以才改变主意。

落地实施前召开动员大会

施工前设计师进行现场指导

3.1.5 产业与经营

林管局是经营的主体，在小镇建设过程中，有三大模式：第一，积极探索产业发展“532 模式”。50% 的林场职工发展以农林种养业等为主的第一产业经济，如苗木花卉生产、森林食品基地等；30% 的职工提供第三产业服务，如客栈、酒家、商店等；20% 的退休工人与老人参与看护公共设施场馆，适度从事林特产品和旅游商品包装等工作，逐步实现资源综合利用。第二，组建产业集团。以现有商品苗木所有权、景区经营权、固定资产和无形资产作为资本，注册成立湖北省太子山林业发展有限公司，对现有的旅游公司、绿化公司、食品公司和建设公司进行股份制改造，实行利润的 50% 用于股东分红、30% 奖励经营团队、20% 用于扩大再生产的利益分配机制，解决“干多干少”的问题，调动职工发展产业的积极性。第三，成立小镇经营实体。按照“谁投资谁受益”的原则，成立太子小镇服务公司，引导职工参与经营小镇住宿、餐饮、交通、商店和旅游服务、产品加工等业态，实行“统一市场营销、统一服务标准、统一结算平台、统一收益分成”，走合作发展之路，树小镇品牌形象，实现单位与职工“共同富裕”的目标。

通过创建省级旅游名镇和生态综合示范镇，已初步建成“宜居、宜业、宜游”以及“镇在林中、路在绿中、屋在园中、人在景中”的特色森林小镇，未来将强化读书、运动、养生特色，打造鄂中生态旅游目的地。一个“以森林资源培育为基础、生态旅游为核心、花卉苗木为支撑、林下经济为辅助、养生地产为补充、由砍树向看树转变”的产业格局已具雏形。在推进小镇建设的同时，林管局全力倡导二次创业，助推产业转型，转移安置富余职工，拓宽就业渠道，维护林场和谐稳定，探索国有林场改革新路径，优先发展森林生态旅游产业，已建设运营王莽洞、龙台狩猎场两个景区和仙女紫薇园、太子花田、石龙月季园三个景点，还将建设植物园等景区景点，丰富生态旅游内涵；重点发展苗木花卉产业，已形成可出圃苗木 0.5 亿株、苗木价值数亿元的绿化苗木基地；大力发展林下经济，正在形成以“本土猪、生态鱼、有机菜、林下鸡”为主体的八大系列森林食品生产基地，已获得国家行业认证，并成功注册“太子小镇”等两个商标，搭建探索森林食品和旅游电商营销平台。此外，林管局将在建设文创基地和森林小镇的基础上，创建森林养生基地，做好“森林康养”文章。

3.1.6 经验总结

在历时两年的小镇建设过程中，有很多经验和教训，一路走来都是美好的回忆。

1）项目成败的关键在于是否有齐心协力的决策班子

此项目的成功主要归因于林管局领导班子的决心和能力，面对困难时坚持上，存在非议时不动摇。在建设过程中，林管局组建专班，分工负责，成立了以局党委成员为主体的小镇建设工作领导小组，领导小组下设五个工作专班，分别负责项目规划设计、工程建设、文化修复与产业发展、资金与政策保障、资源保护以及思想政治方面工作。同时，制订计划，有序推进，及时编制《旅游综合示范镇项目年度实施计划》和《小镇建设管理办法》，明确任务和时间节点，实行每周（月）一督办、一小结、一安排，确保各项工作按时完成。此外，加强监管，落实责任，对重点项目建设实行局领导包联制，做到设计、施工、结算全程跟踪管理，全面把关，确保质量。

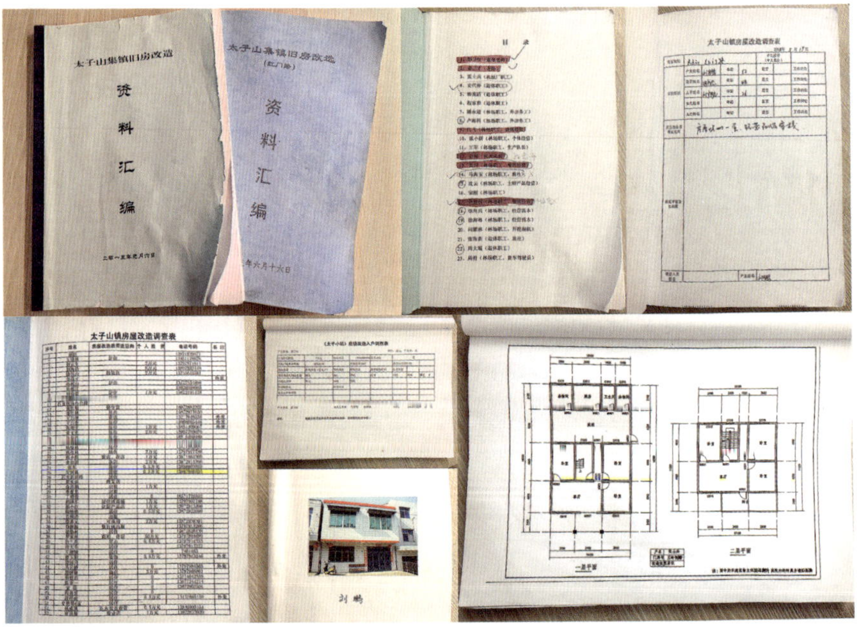

太子小镇资料汇总

设计团队和局领导们经常开会到深夜，散会后走在路上，大家还在热烈讨论。项目建设过程也就是锻炼队伍和团结人心的过程，这种精神是项目成功的先决条件。

2）项目的成功汇聚了小镇居民的力量

小镇居民很勤劳，居民住宅建设采用职工自建的方式，自己找施工队伍，自己准备材料，居民亲自参与劳动过程。居民对建筑的每个细节都很用心，并且发挥自身的创造力和想象力，使每一户的改造精工细作，充满生活气息。

3）项目具有可持续性

在小镇建设过程中，通过外出考察、施工操作，小镇居民对于好看的景观和房子有了新的认识，加上有一支成熟的施工队伍，在规划设计完成之后，小镇居民在今后依然能够按照同样的模式，继续装点美丽的小镇。

4）助推精准扶贫，加快小康建设

按照小镇建设规划布局，在以雁门路、凤凰路为主的居民住宅区，通过集中建房，搬迁职工 388 户，目前居住职工近 800 户，妥善解决了偏远林场职工生产生活落后贫穷的尴尬问题。在以太林大道、红门路和王岭路为主的旅游风情商业街区，引导职工参与生态旅游服务业、绿化苗木和林下经济产业发展，3 ~ 5 年内，直接带动 350 名职工就业，每年人均创收 5 万 ~ 10 万元。在未来，将深化国有林场改革，转岗 80% 的富余职工，带动小镇周边约 30% 的贫困村民，直接或间接通过从事旅游服务、苗木及林下经济、农副产品种植加工等产业，将小镇年游客接待量由现在的 3 万人次增加至 30 万人次（日接待 1000 人次以上），旅游综合收入达 5000 万元以上，从而有效解决部分职工和林农增收问题，拓展就业渠道，加快小康林场建设进程，实现全民全面小康的宏伟目标。

3.2 建筑意向与细部处理

小镇入口处标志物细部利用旧砖旧瓦进行处理

采用红砖和灰砖拼花，打造外廊地面

以红砖和灰砖混合砌筑室外台阶

墙面上利用旧砖旧瓦进行处理

采用灰砖和红砖拼花的地面

建筑檐口的局部处理

外墙上局部窗户的处理

建筑屋架侧面的局部处理

利用破碎混凝土路面的废弃混凝土块和旧砖，铺砌一条小路

立柱位置利用灰砖拼花做处理

3.3 乡村公共建筑

3.3.1 菜市场

1）平面图

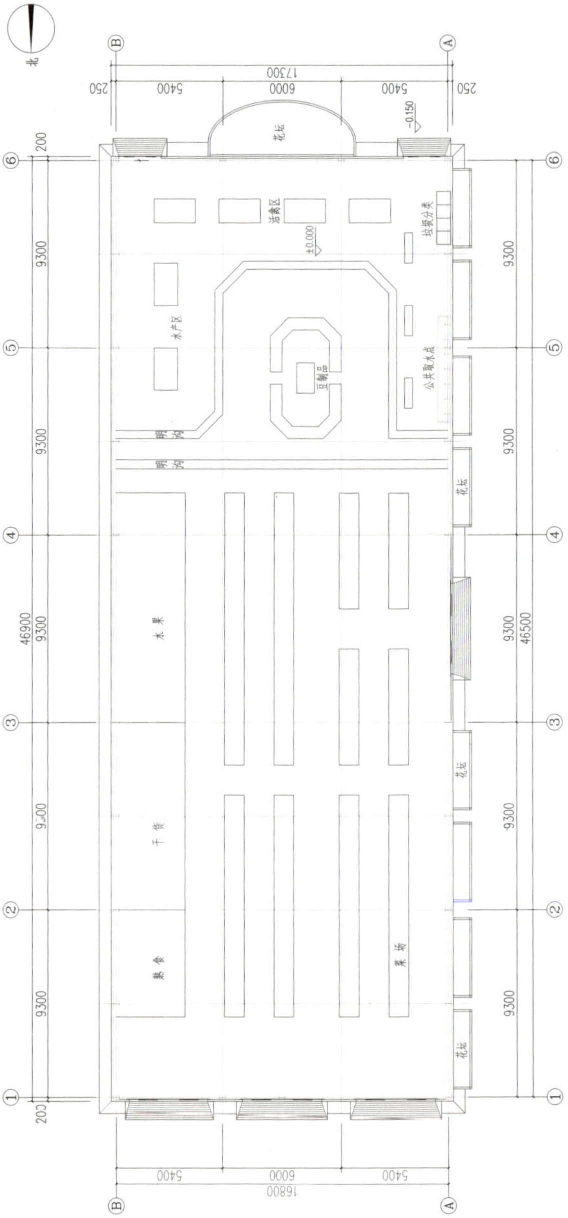

菜市场平面图

注：本书中图纸尺寸除注明外，均以毫米（mm）为单位。

2）立面图

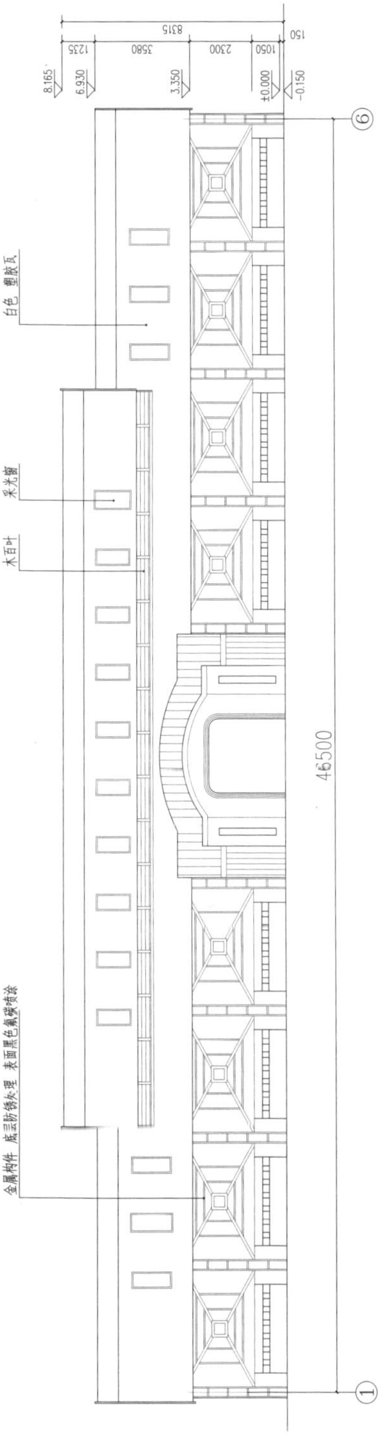

菜市场①—⑥立面图

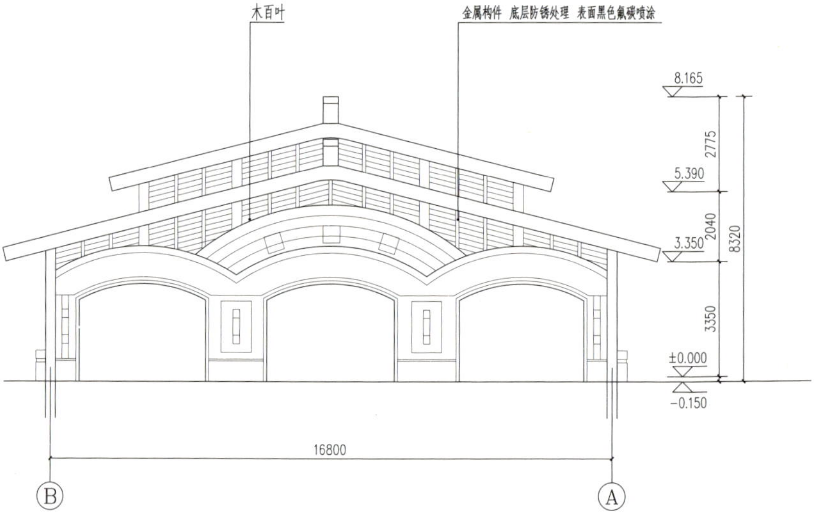

菜市场 Ⓑ — Ⓐ 立面图

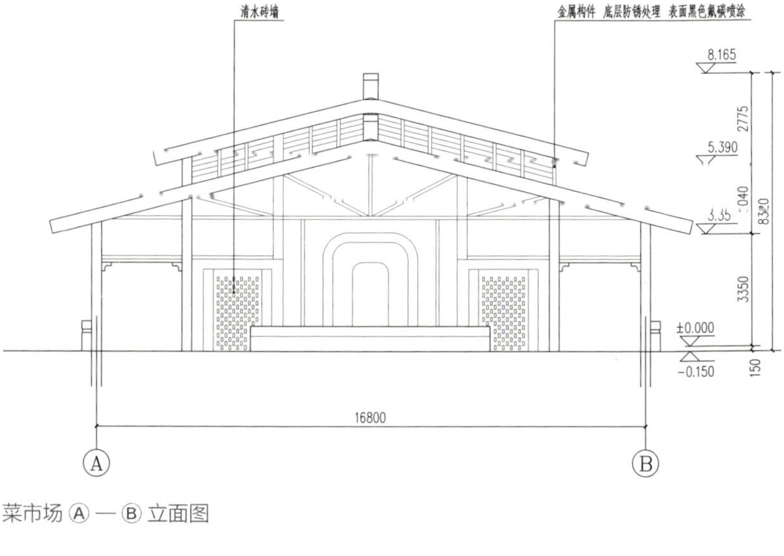

菜市场 Ⓐ — Ⓑ 立面图

3）效果图

菜市场整体效果图

4）实景

菜市场主体完工实景

3.3.2 车库及水池

1）平面图

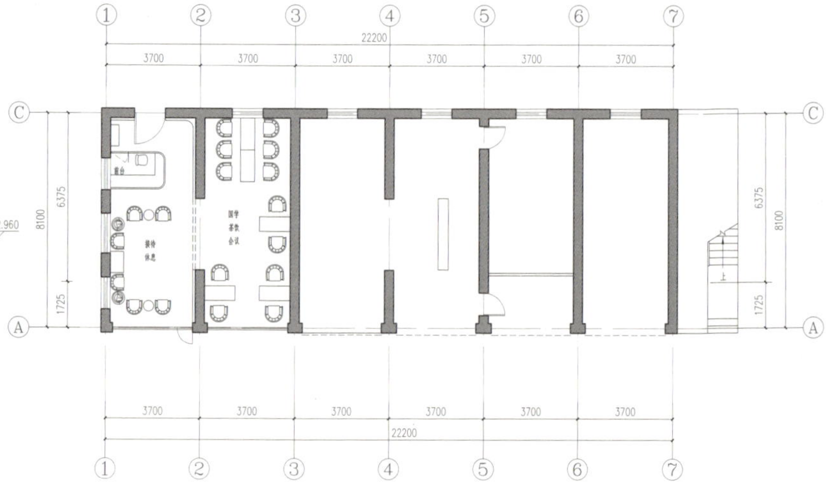

车库平面图

2）立面图

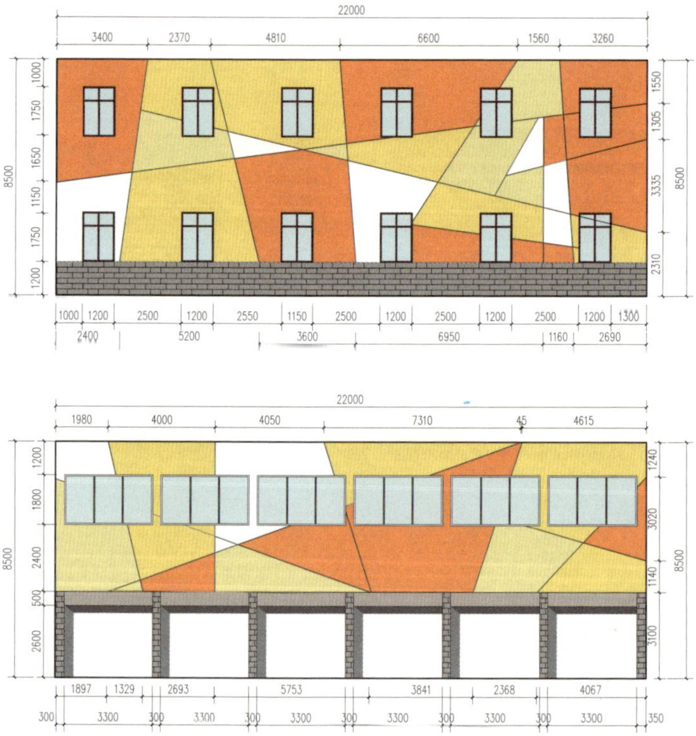

车库立面改造放线图

3）效果图

车库及水池效果图

4）实景

车库及水池实景

3.3.3 红门

1）平面图及剖面图

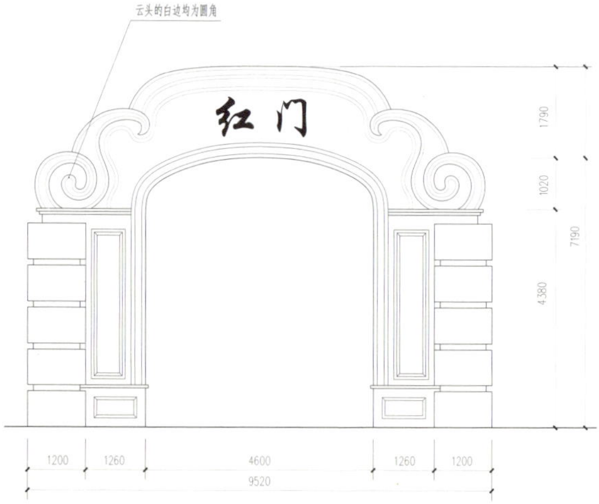

红门平面图

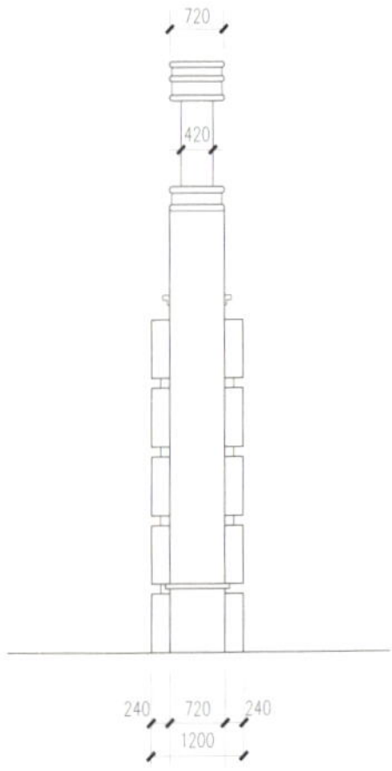

红门剖面图

2）效果图

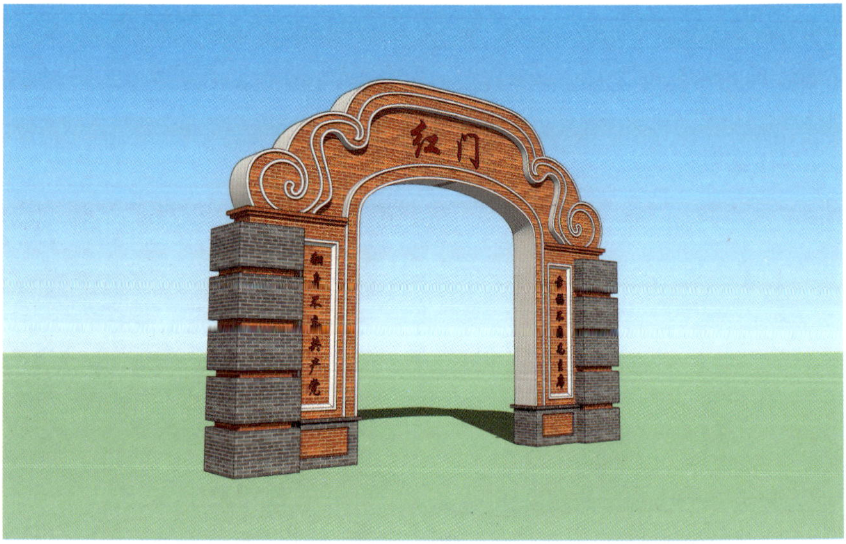

红门效果图

3）实景

红门实景

3.3.4　入口标志

1）平面图

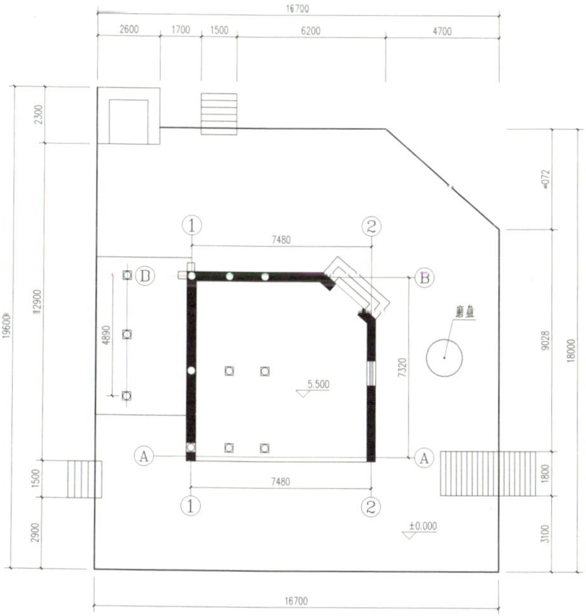

太子小镇入口标志平面图

2）立面图

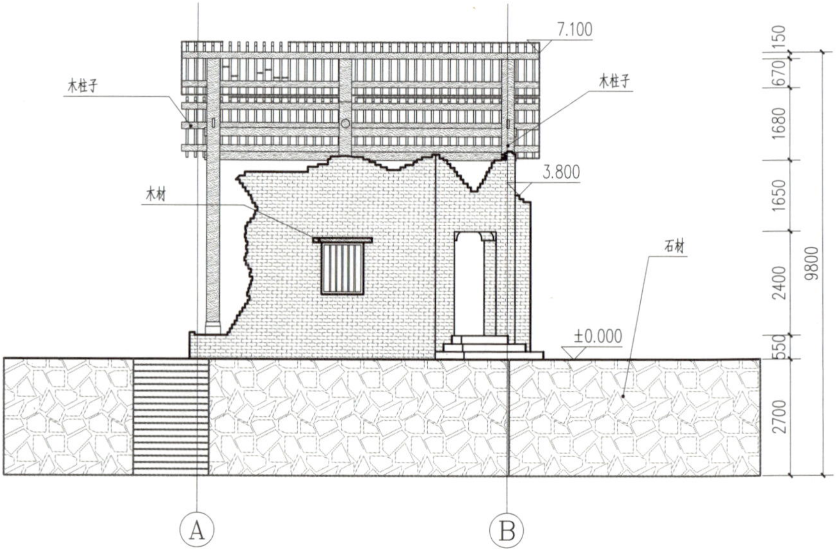

太子小镇入口标志立面图 1

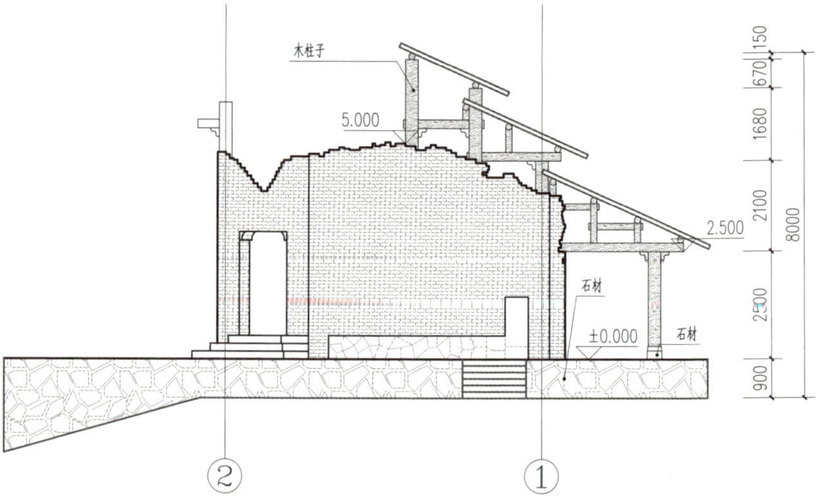

太子小镇入口标志立面图 2

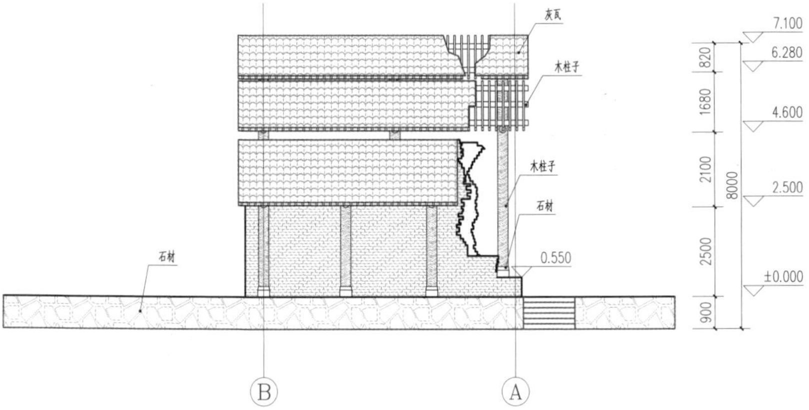

太子小镇入口标志立面图 3

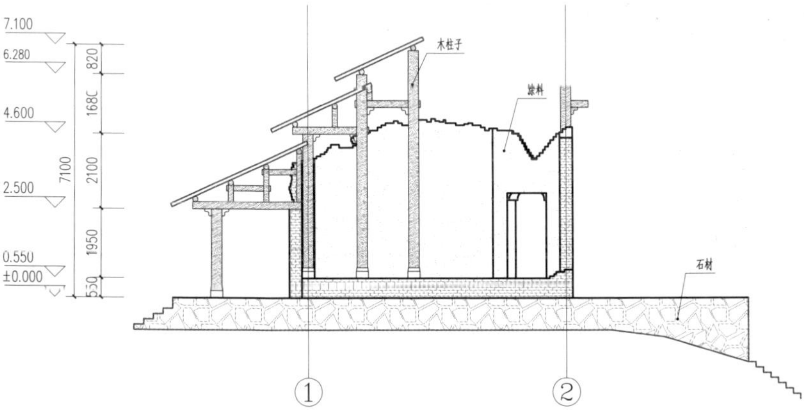

太子小镇入口标志立面图 4

3）实景

太子小镇入口标志实景

3.3.5 钟楼

1）平面图

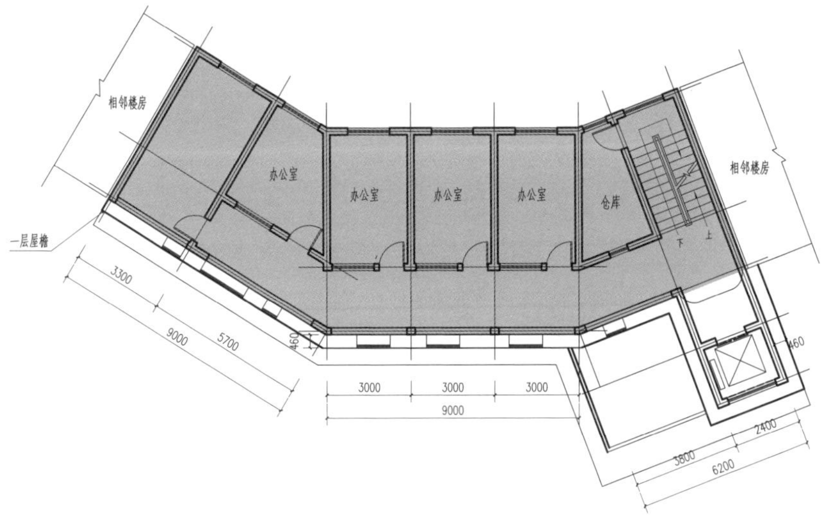

钟楼平面图 1

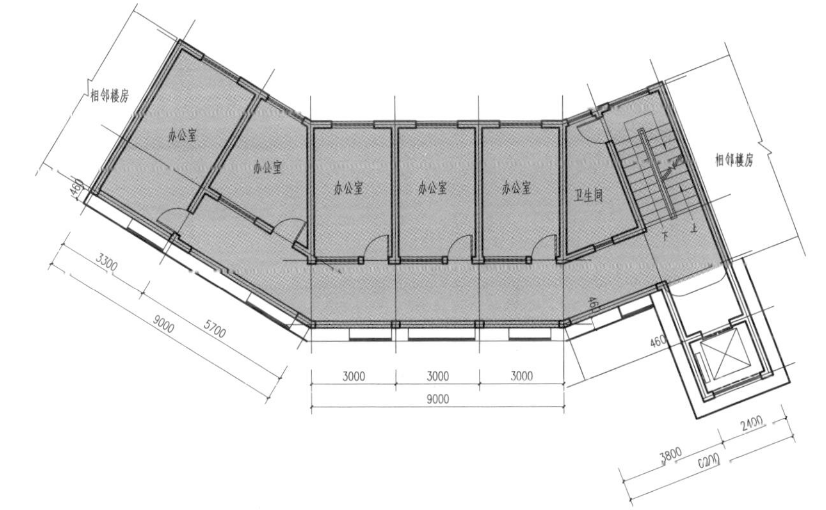

钟楼平面图 2

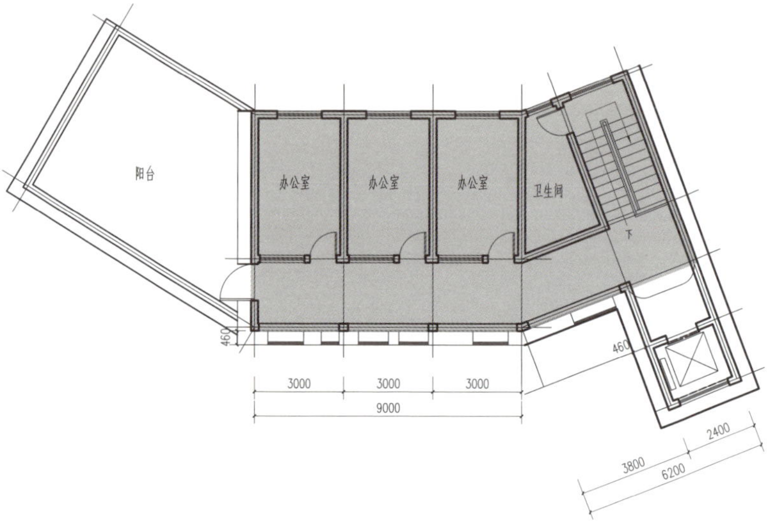

钟楼平面图 3

2）效果图

钟楼效果图

3）实景

钟楼竣工实景

4）手绘图

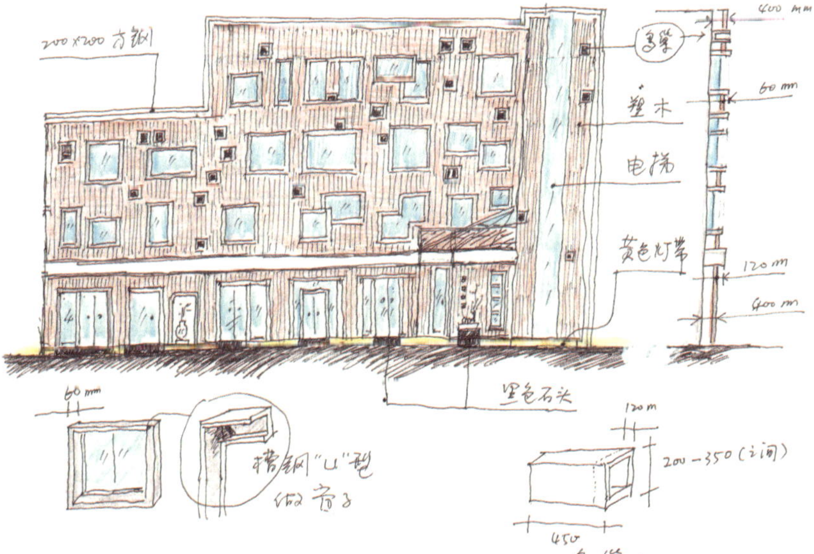

钟楼设计手稿

3.3.6 竹亭

1）平面图

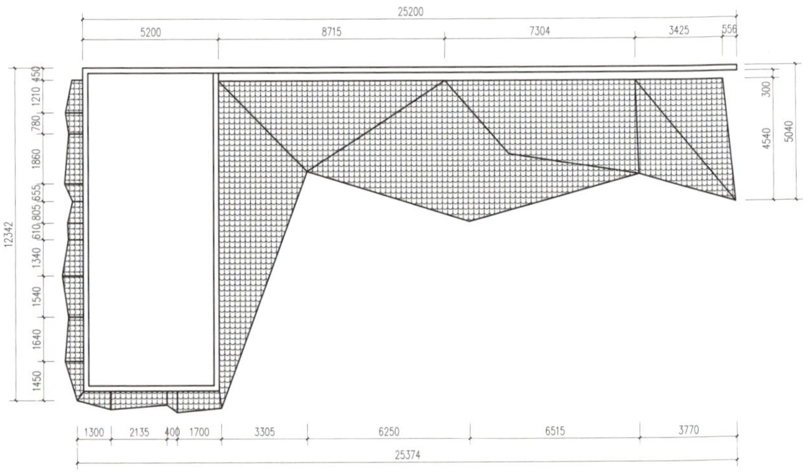

竹亭亭顶平面图

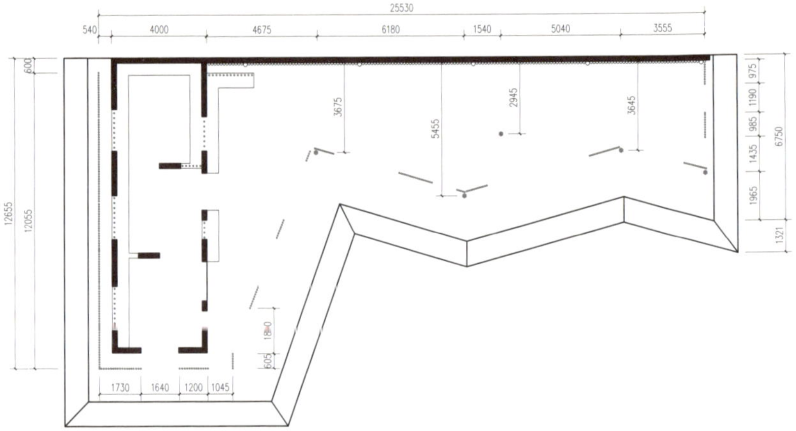

竹亭室内平面图

2）效果图

竹亭透视效果图 1

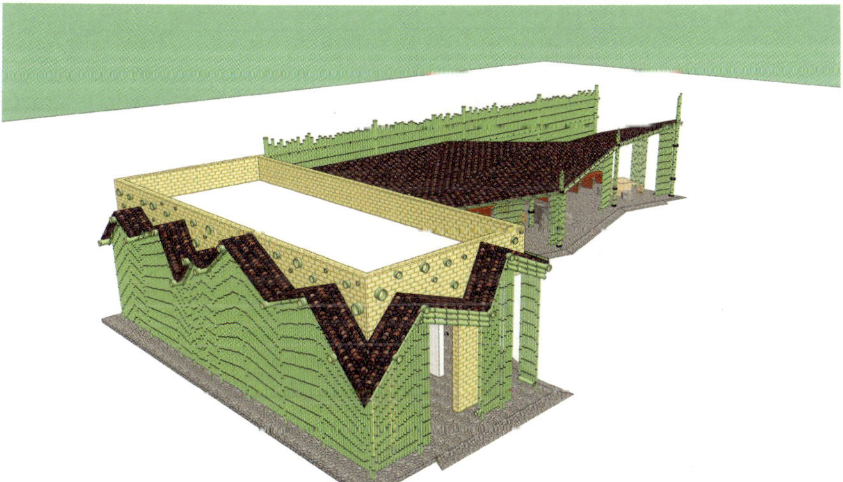

竹亭透视效果图 2

3）实景

竹亭亭外、亭内实景

3.3.7 纪念碑广场

1）平面图

纪念碑广场平面图

2）纪念碑前场地

纪念碑前场地效果图

3）水塘景观

水塘景观效果图

4）戏水广场

戏水广场效果图

3.3.8 公共洗手间

1）效果图

公共洗手间效果图

2）手绘图

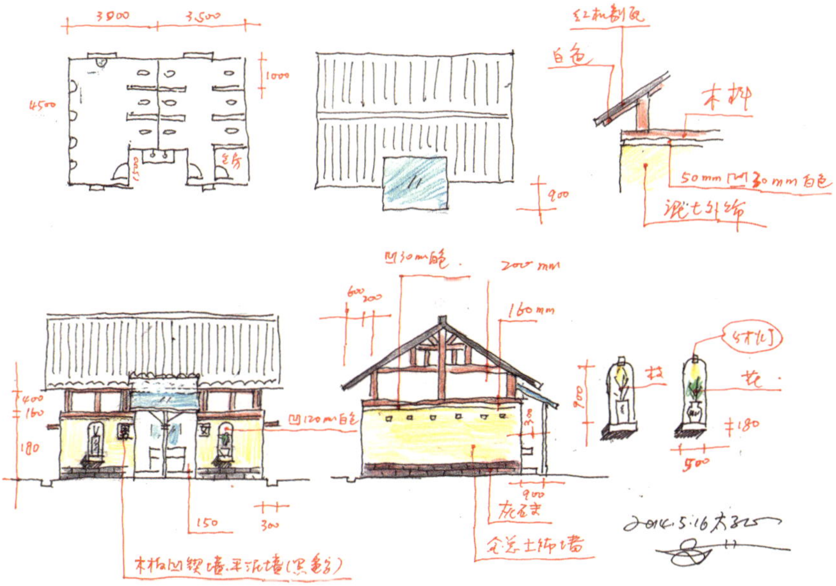

公共洗手间设计手稿

3）实景

公共洗手间实景

3.4 民居施工图

3.4.1 民居一

1）平面图及立面图

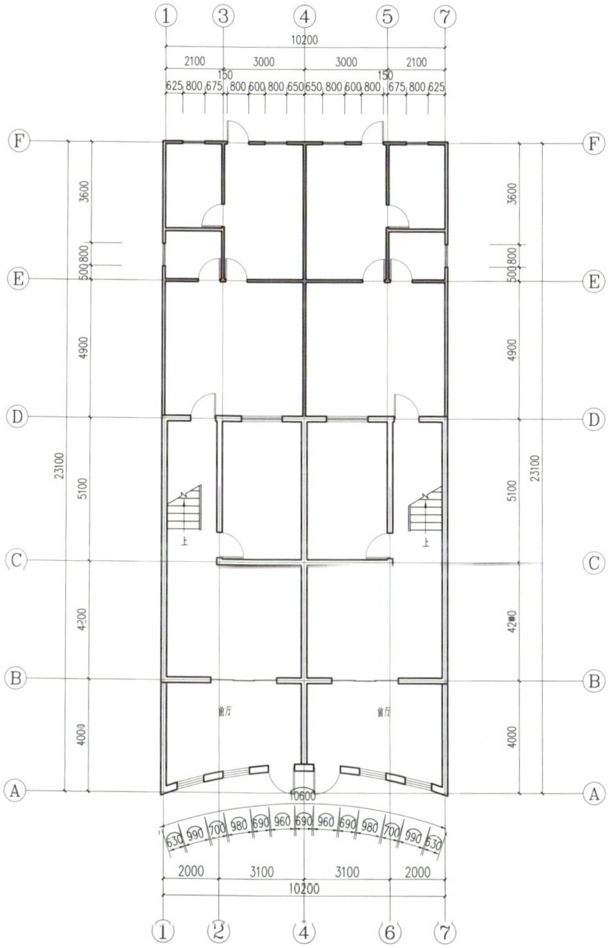

民居平面图

民居立面图

2）效果图

民居效果图 1

民居效果图 2

3）实景

民居实景

4）原状照片

民居原状照片

3.4.2 民居二

1）立面效果

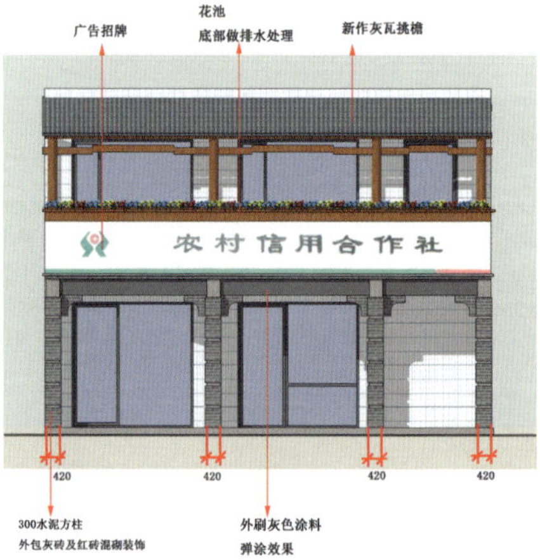

民居立面效果图 1

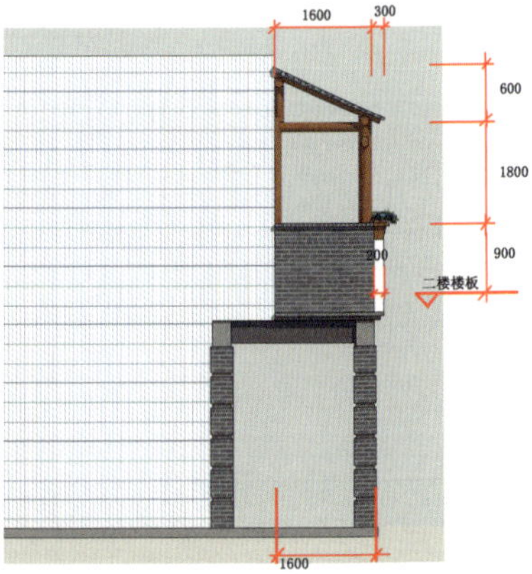

民居立面效果图 2

2）效果图

民居效果图

3）实景

民居实景

4) 原状照片

民居原状照片

3.4.3　民居三

1）平面图、立面图及平面布置图

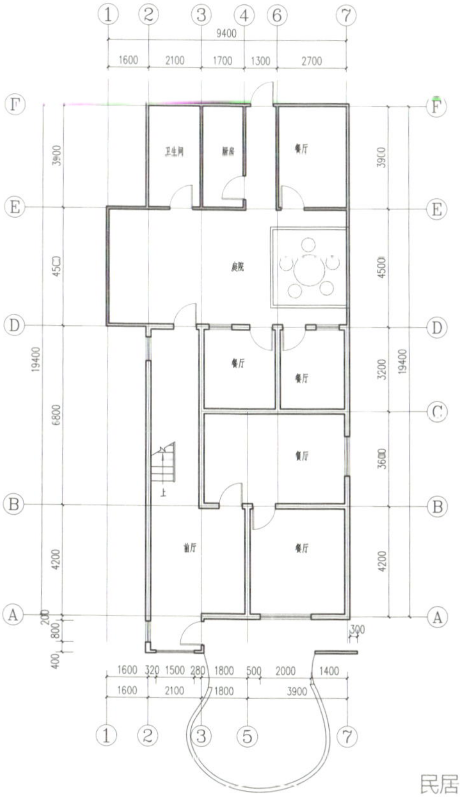

民居平面图 1

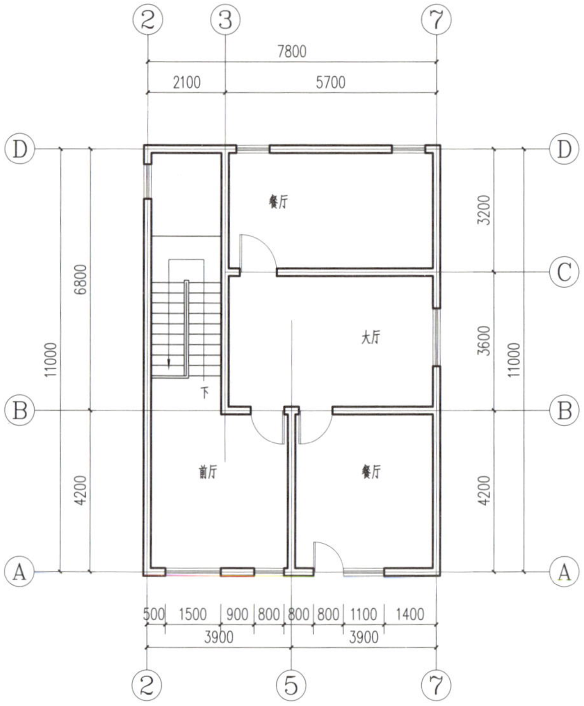

民居平面图 2

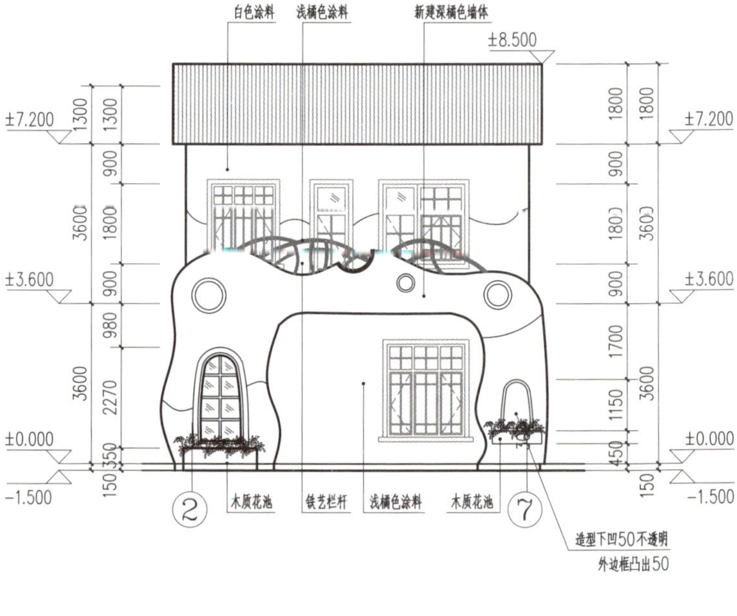

民居立面图

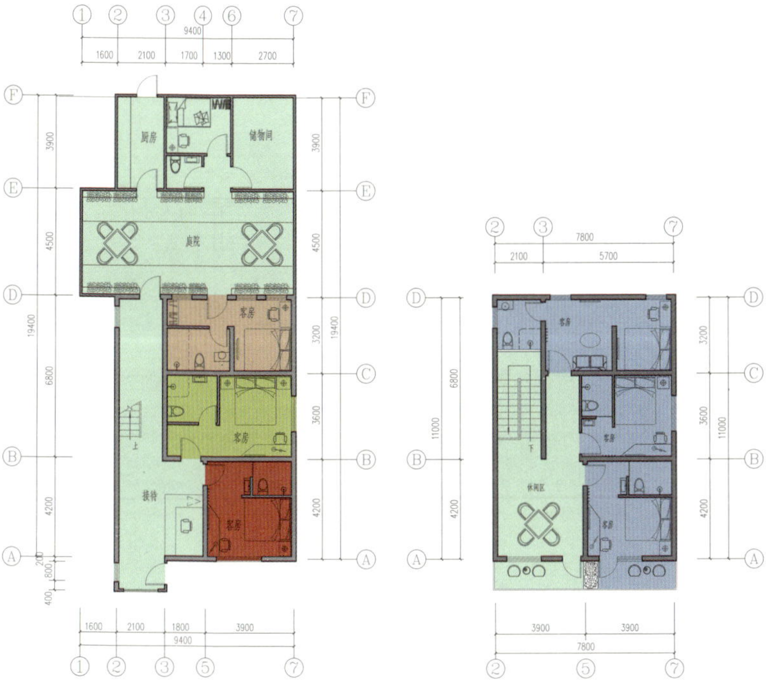

民居平面布置图

2）效果图

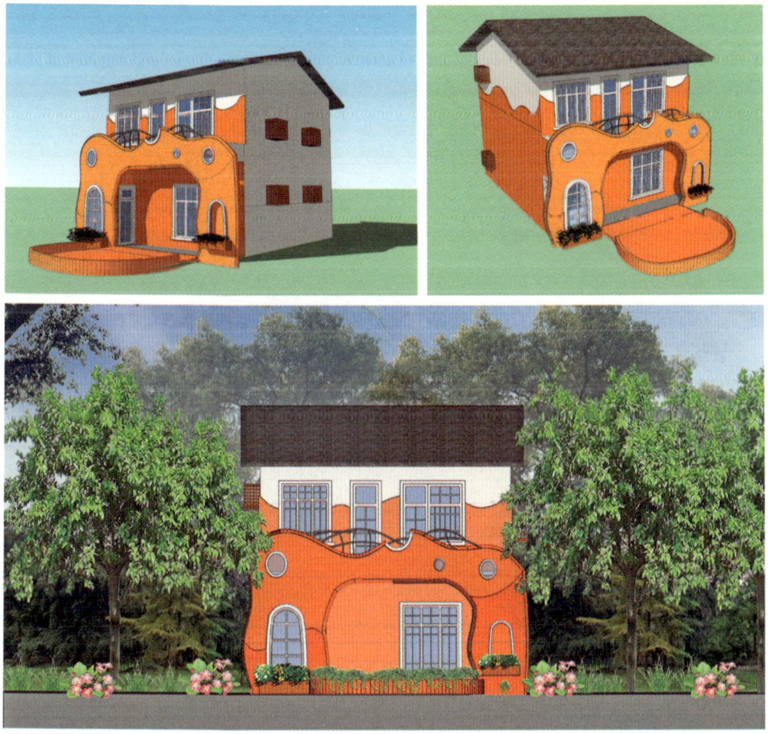

民居效果图

3）实景

民居实景

4）原状照片

民居原状照片

3.4.4 民居四

1）平面图及立面图

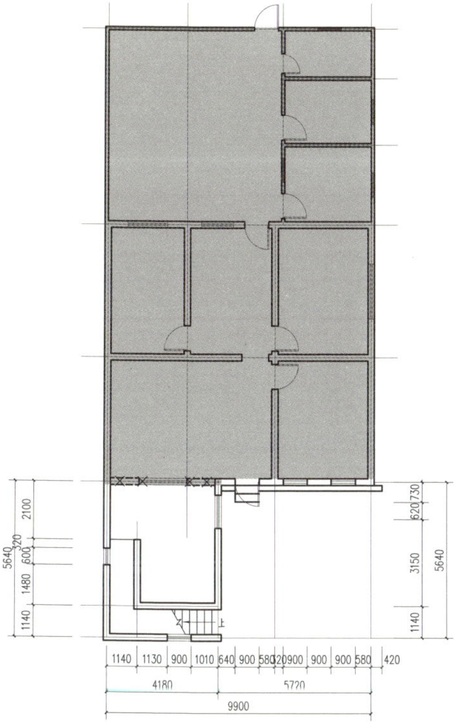

民居一层平面图

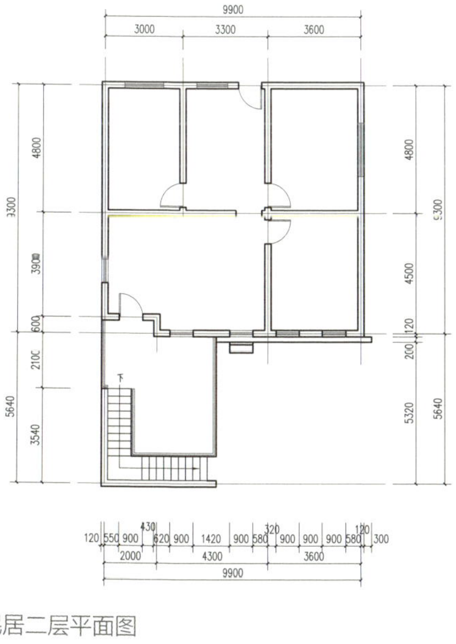

民居二层平面图

民居南立面图

民居东立面图

2）效果图

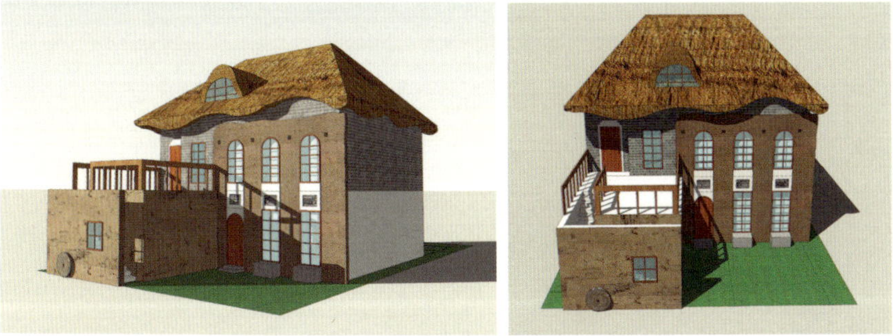

民居效果图

3）实景

民居实景

4）手绘图

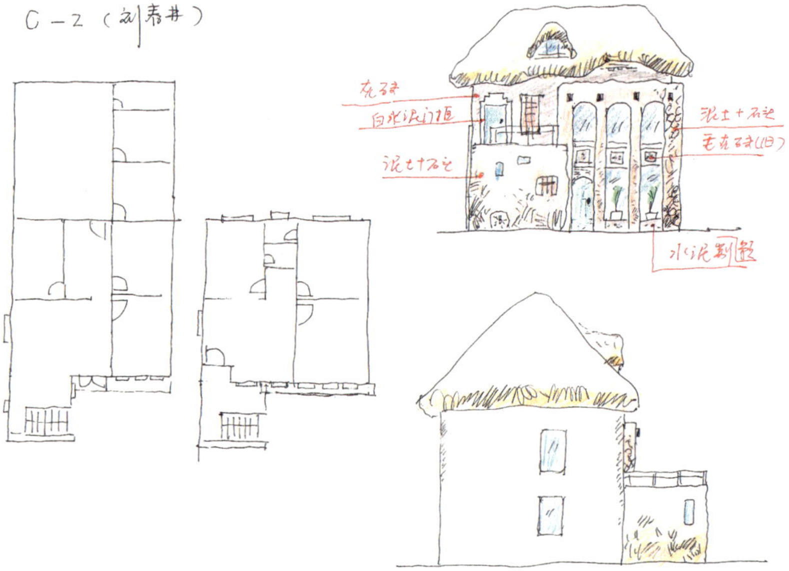

民居设计手稿

5）原状照片

民居原状照片

3.4.5 民居五

1）平面图及立面图

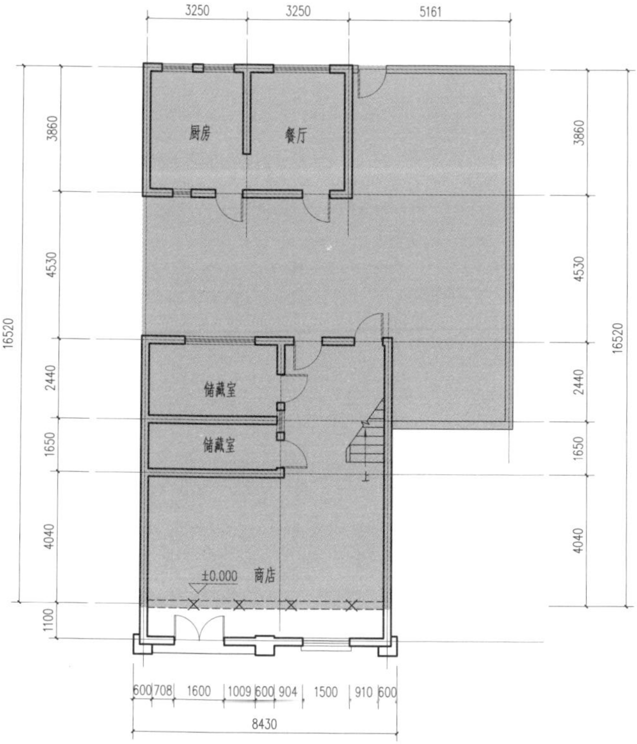

民居一层平面图

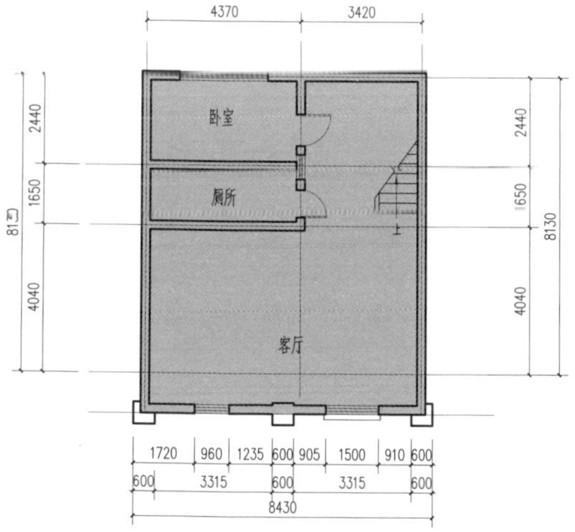

民居二层平面图

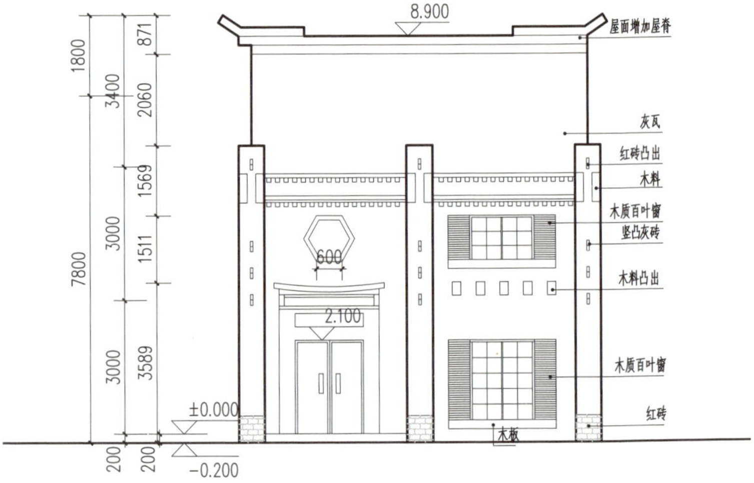

民居北立面图

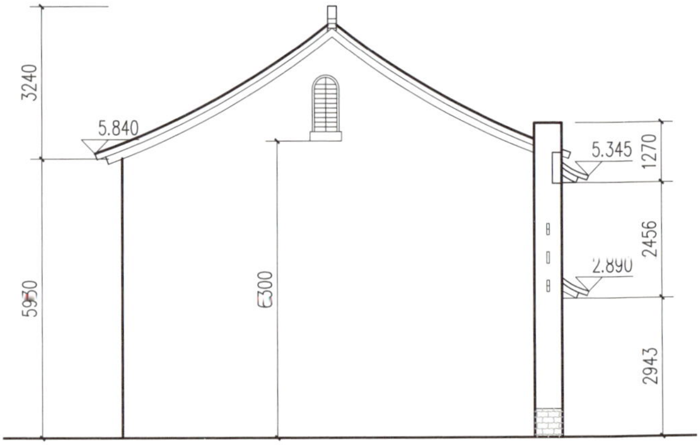

民居东立面图

2）效果图

民居效果图

3）实景

民居实景

4）手绘图

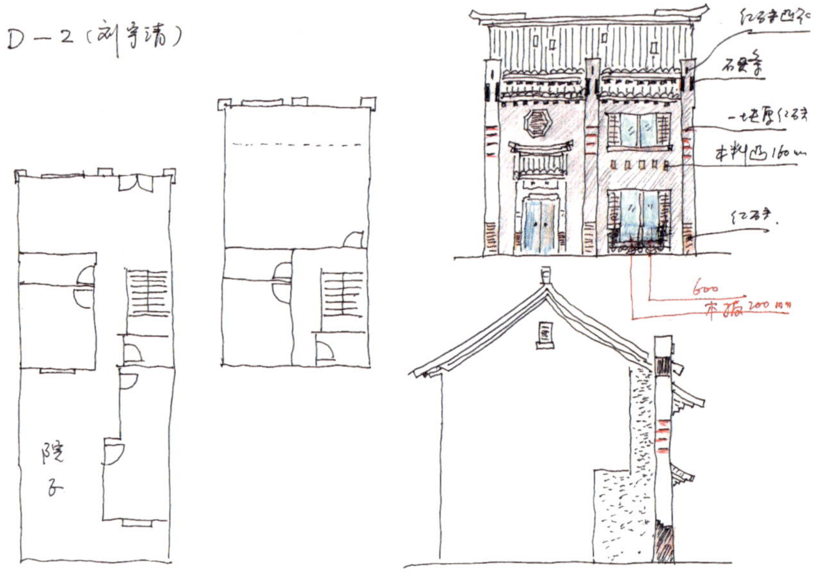

民居设计手稿

5）原状照片

民居原状照片

3.4.6 民居六

1）平面图及立面图

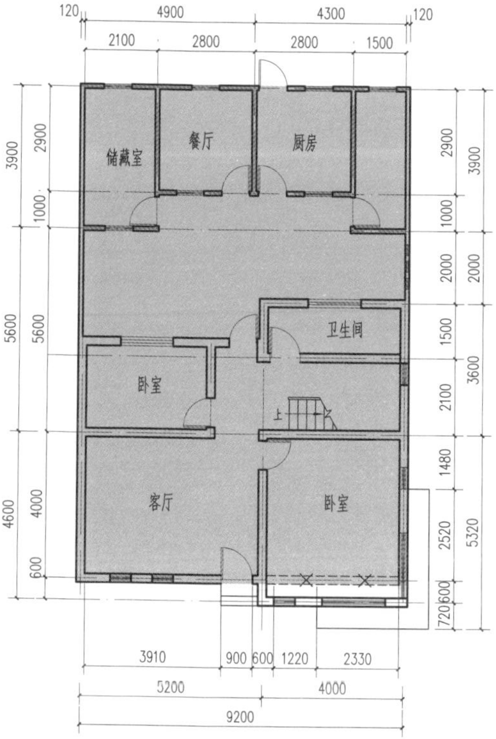

民居一层平面图

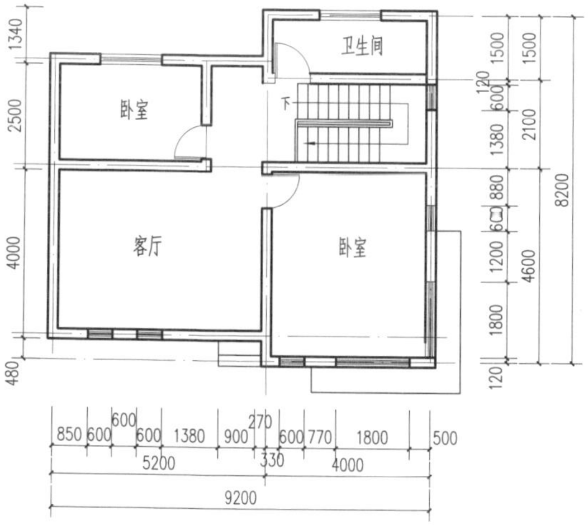

民居二层平面图

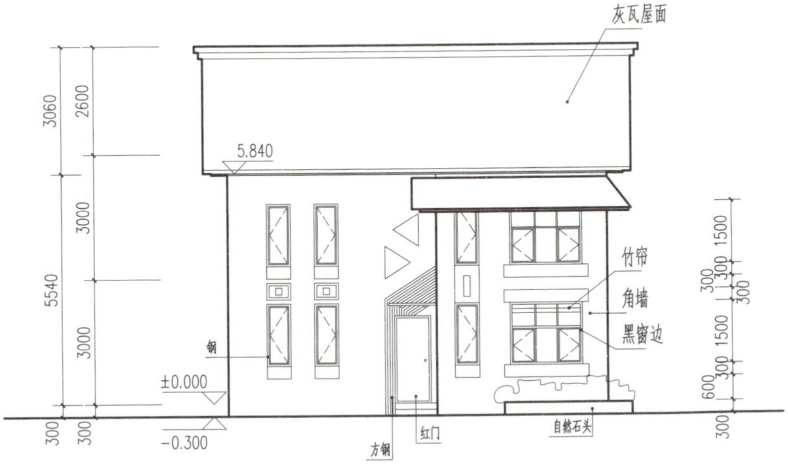

民居立面图 1

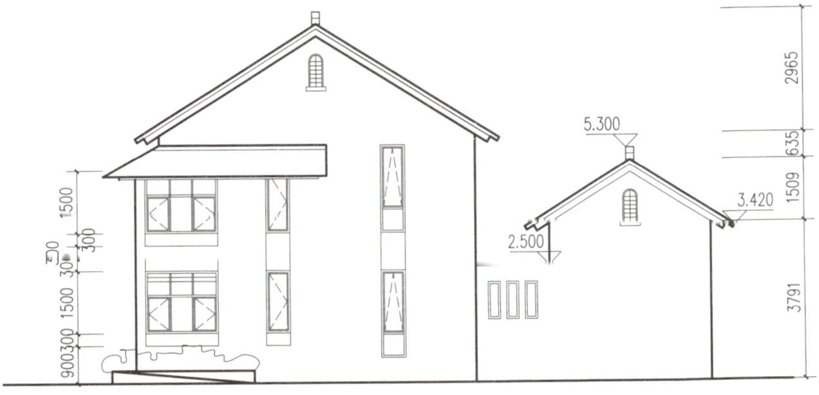

民居立面图 2

2）效果图

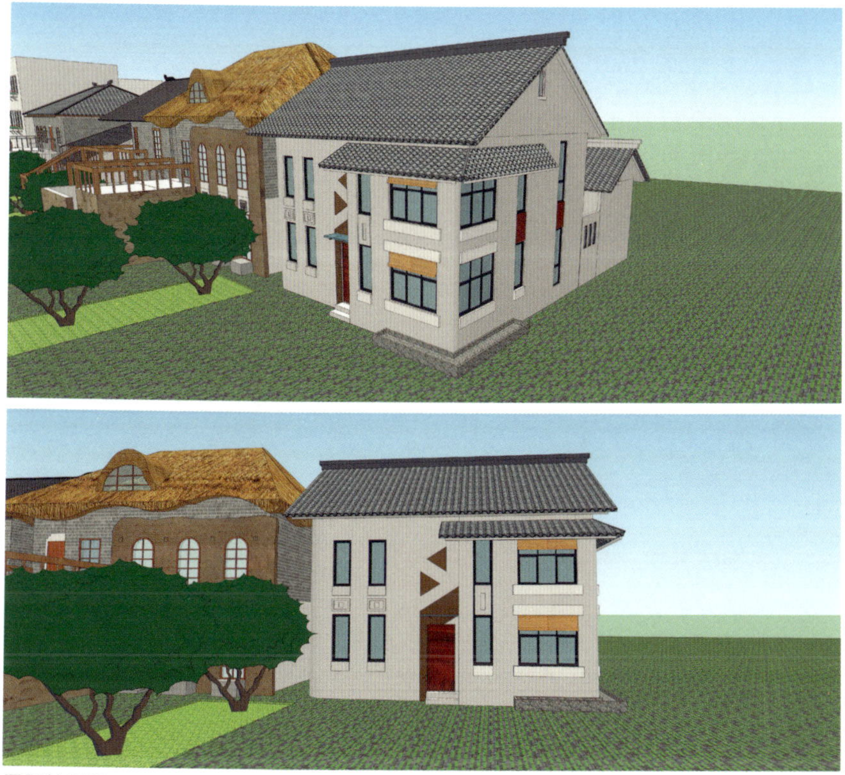

民居效果图

3）实景

民居实景

4）手绘图

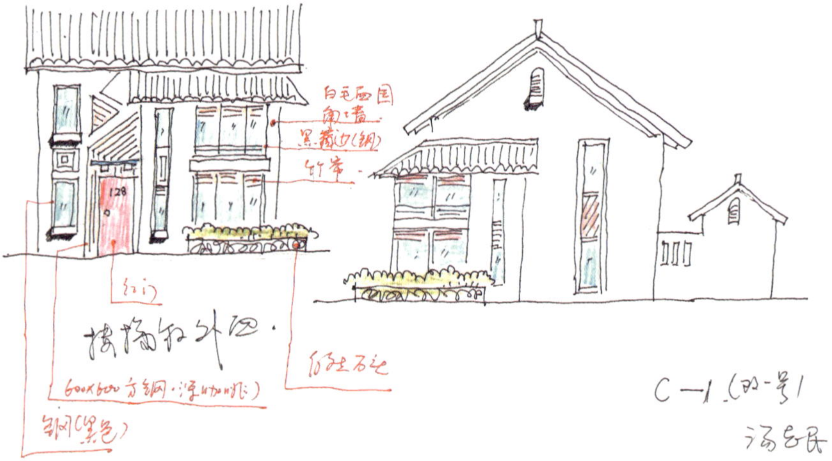

民居设计手稿

5）原状照片

民居原状照片

3.4.7 民居七

1）平面图及立面图

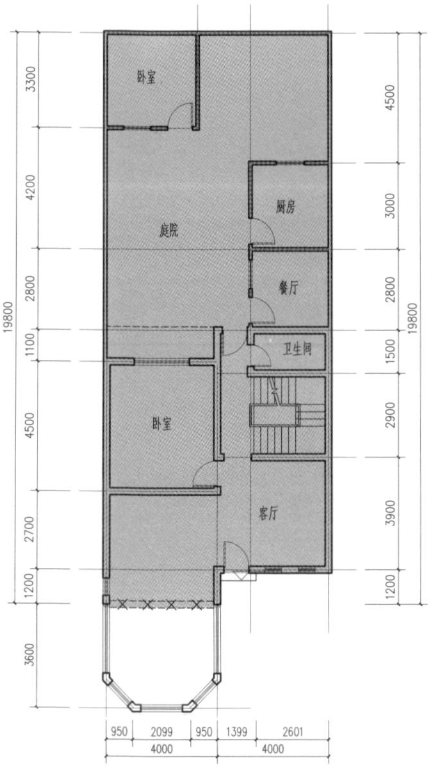

民居一层平面图

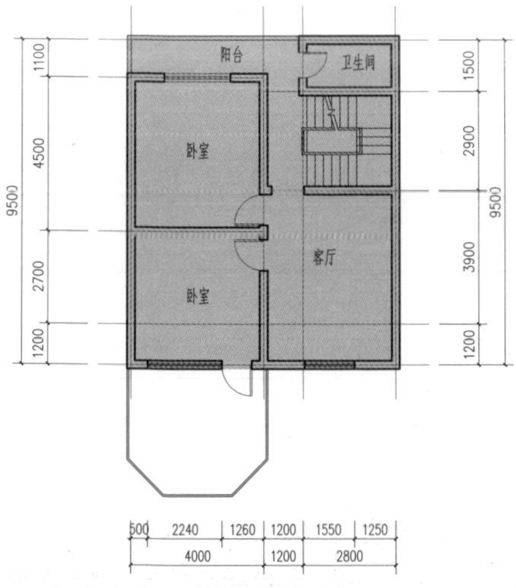

民居二层平面图

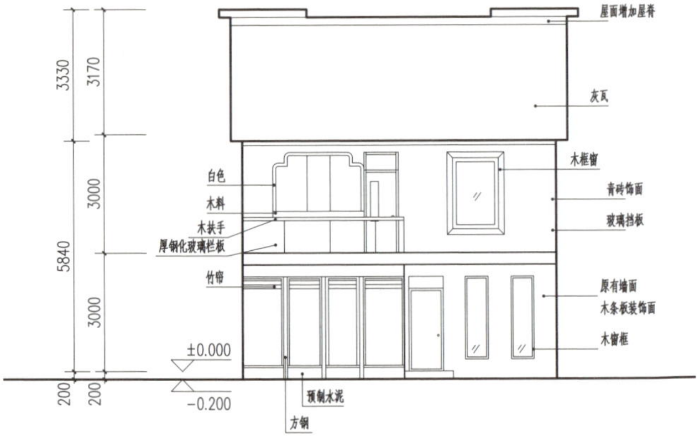

民居北立面图

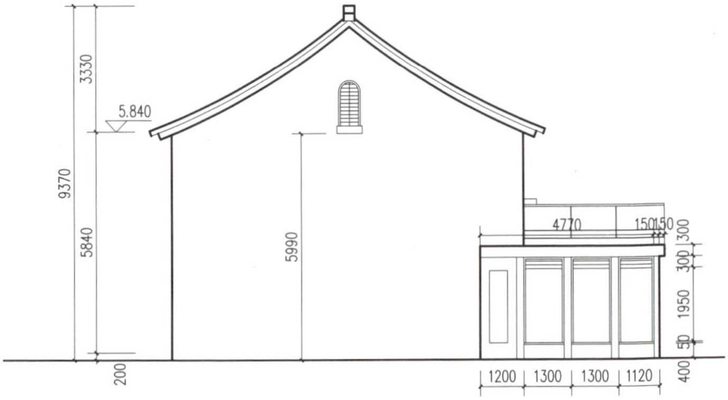

民居东立面图

2）效果图

民居效果图

3）手绘图

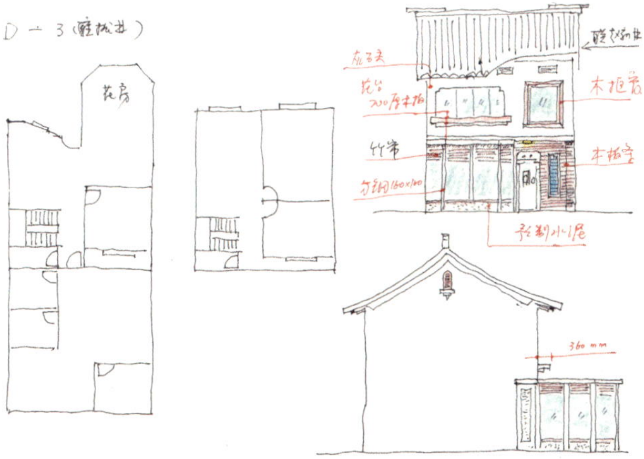

民居设计手稿

4）实景

民居实景

5）原状照片

民居原状照片

3.4.8 民居八

1）平面图及立面图

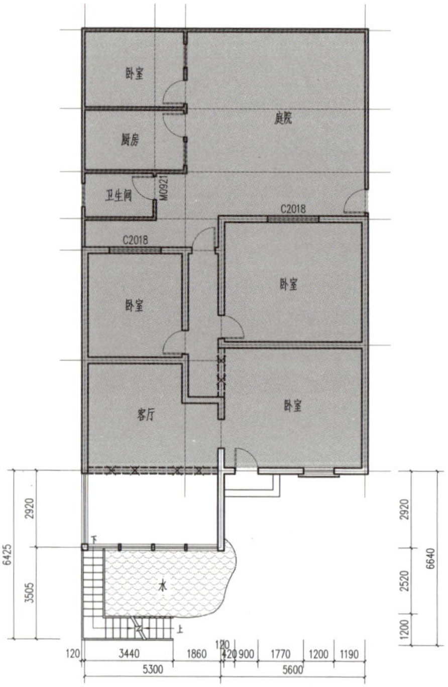

民居一层平面图

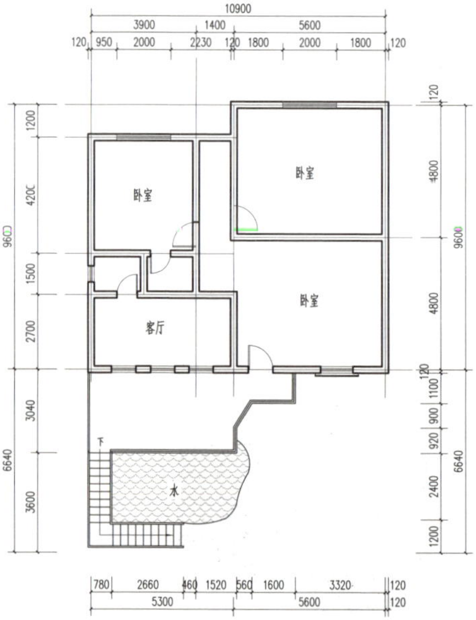

民居二层平面图

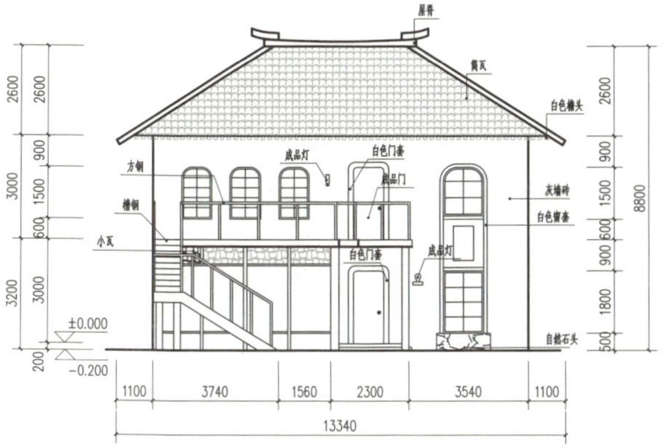

民居北立面图

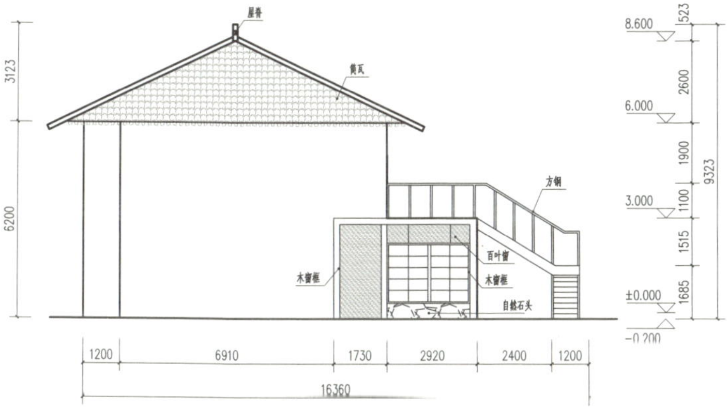

民居东立面图

2）效果图

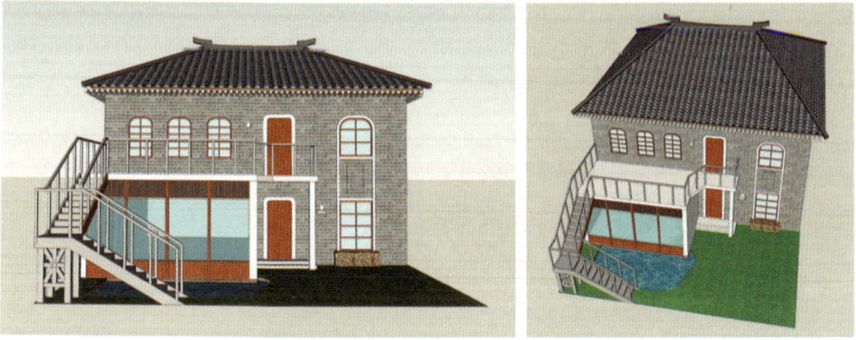

民居效果图

3）实景

民居实景

4）手绘图

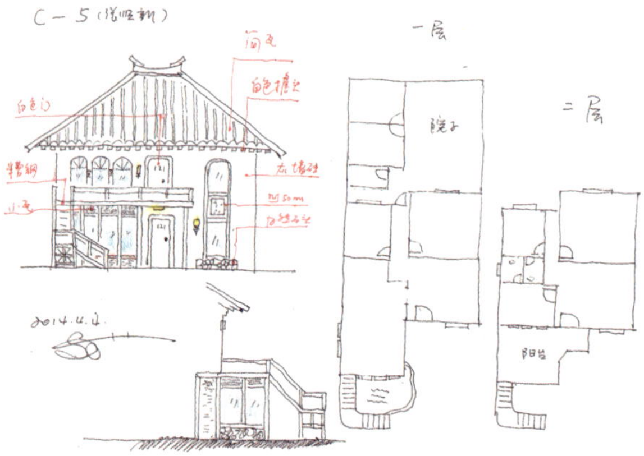

民居设计手稿

5）原状照片

民居原状照片

3.4.9 民居九

1）平面图及立面图

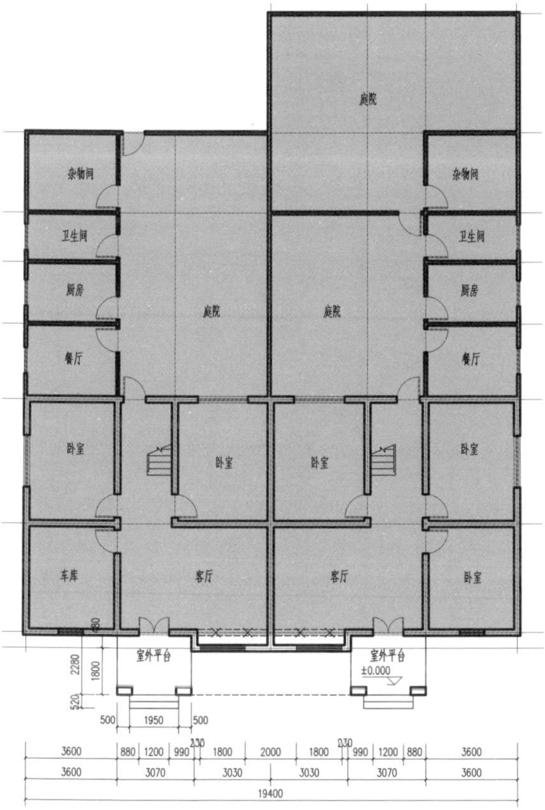

民居一层平面图

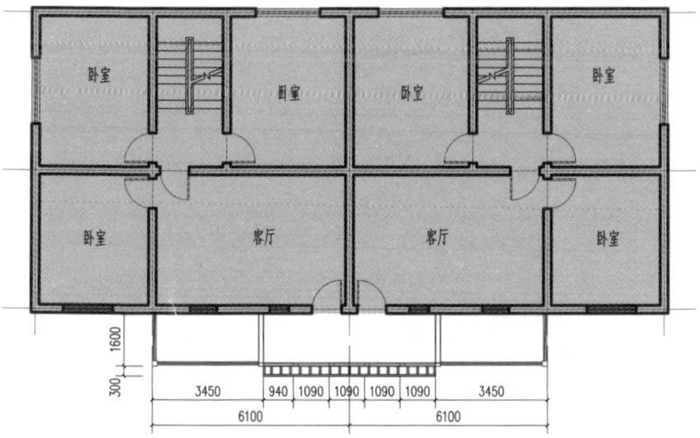

民居二层平面图

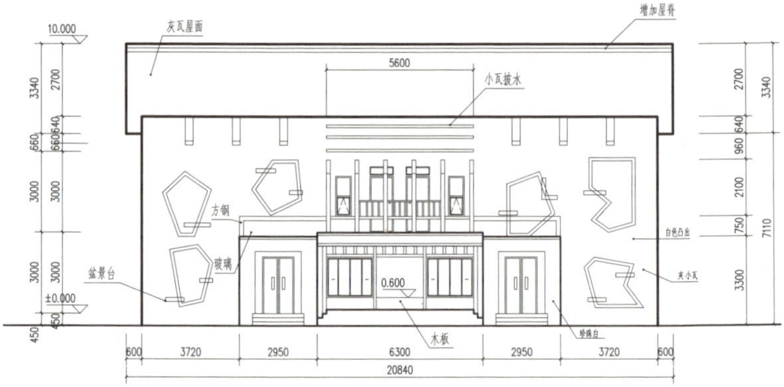

民居南立面图

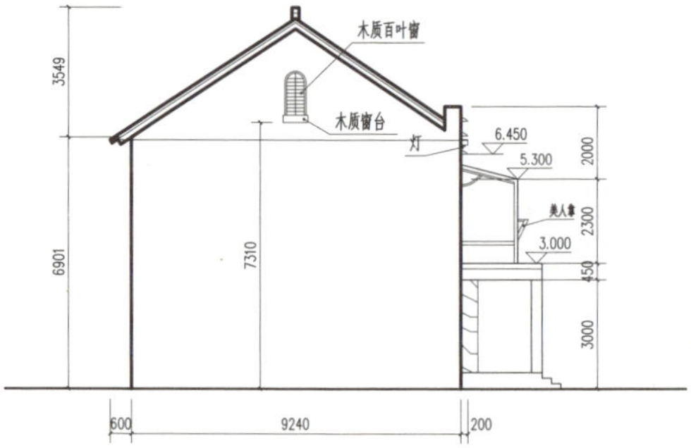

民居西立面图

2）效果图

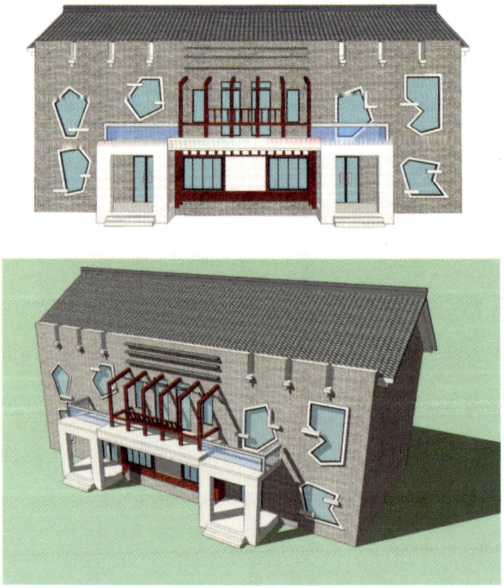

民居效果图

3）实景

民居实景

4）手绘图

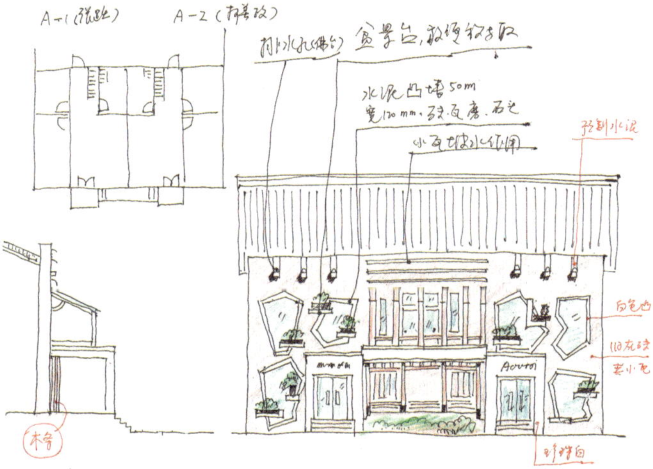

民居设计手稿

5）原状照片

民居原状照片

3.4.10 民居十

1）平面图及立面图

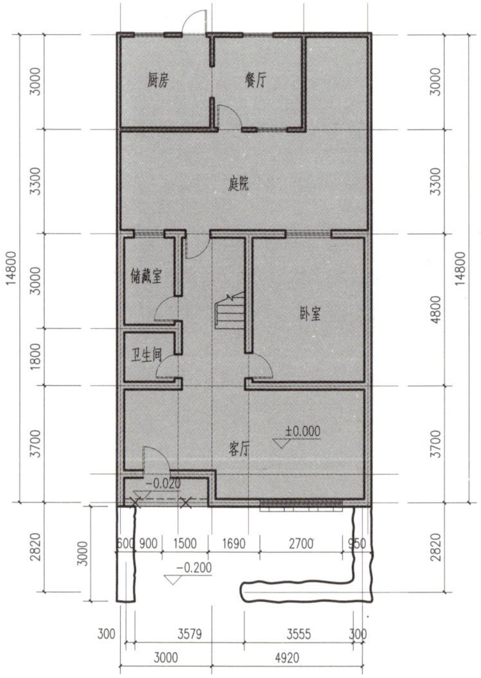

民居一层平面图

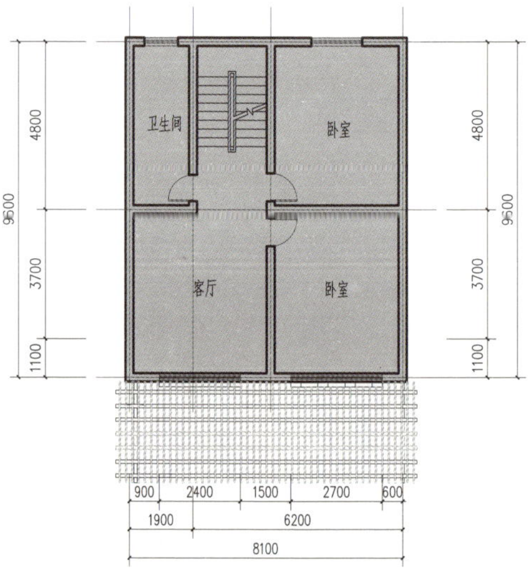

民居二层平面图

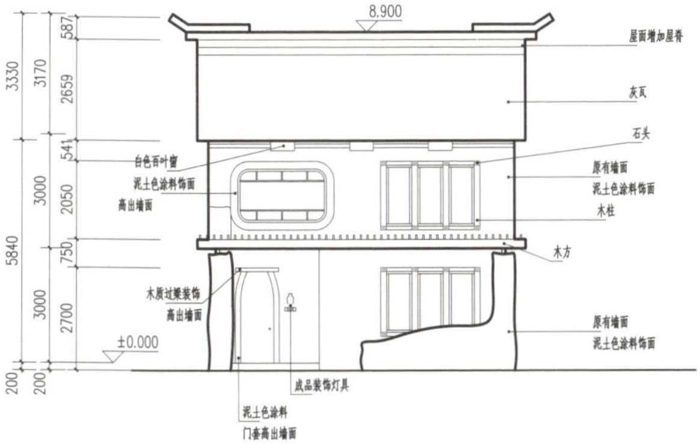

民居北立面图

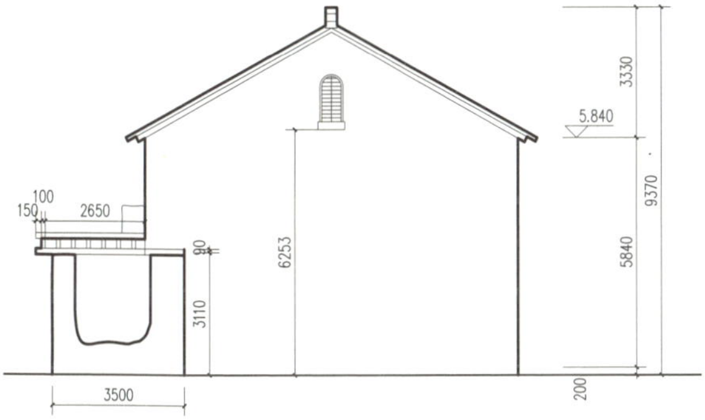

民居西立面图

2）实景

民居实景

3）手绘图

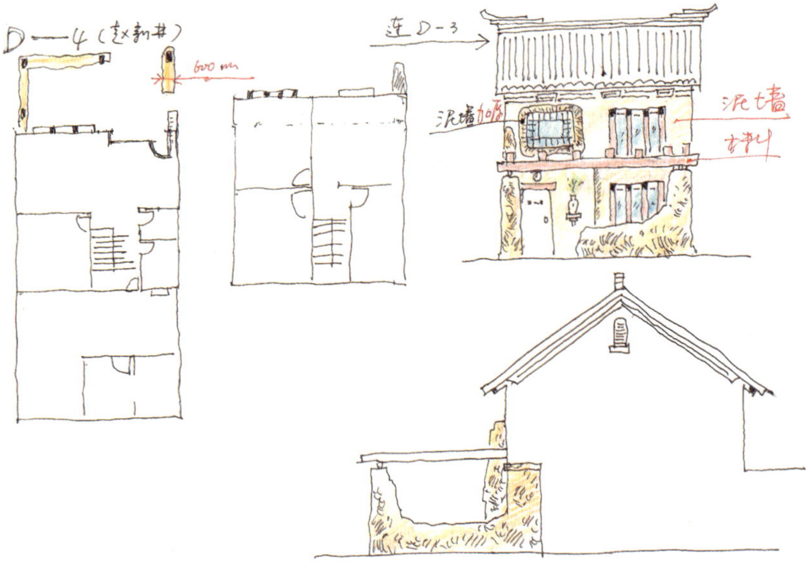

民居设计手稿

4）原状照片

民居原状照片

3.4.11 安置房

1）总图

安置房总图

2）效果图

安置房效果图

3）户型图

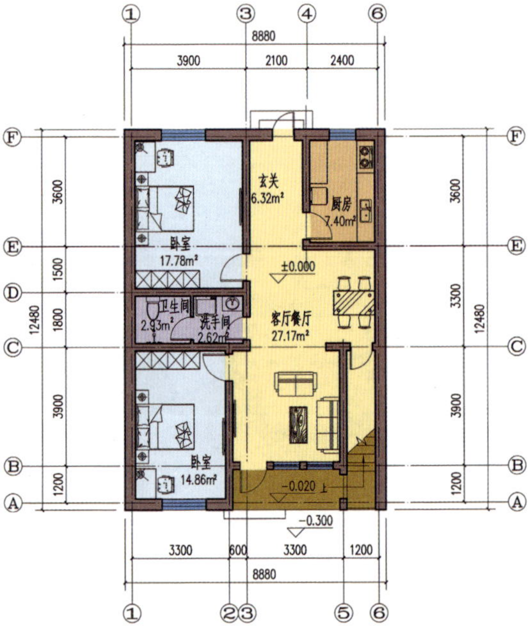

A 户型首层平面图

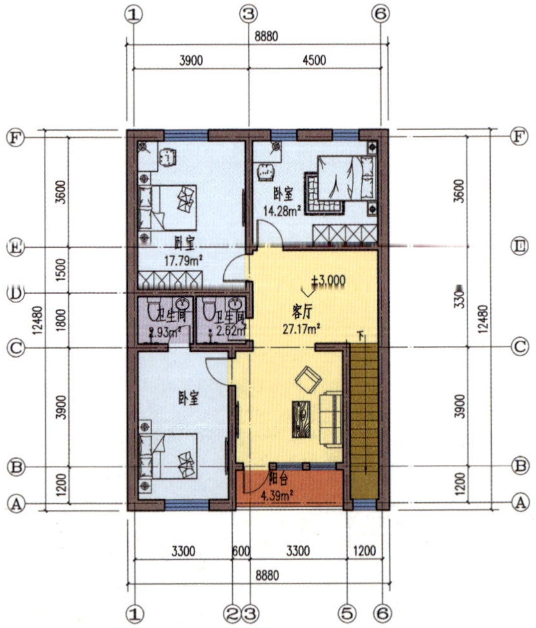

A 户型二层平面图

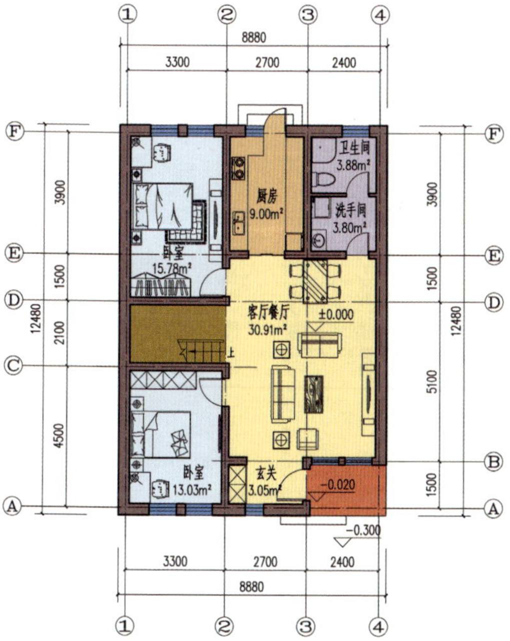

B 户型首层平面图

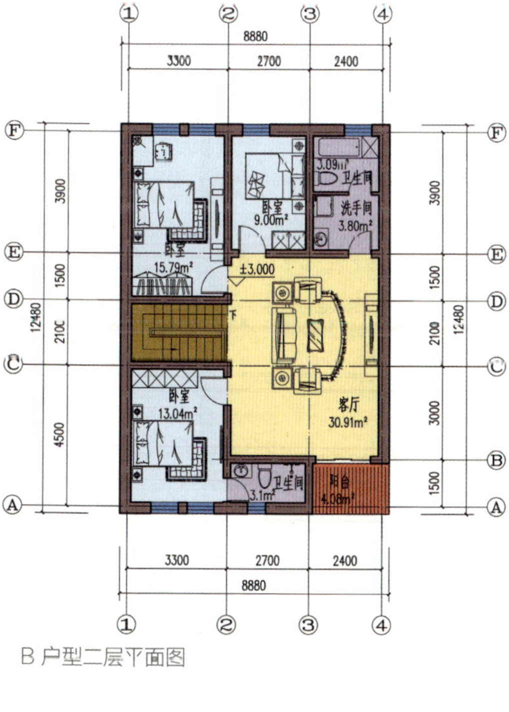

B 户型二层平面图

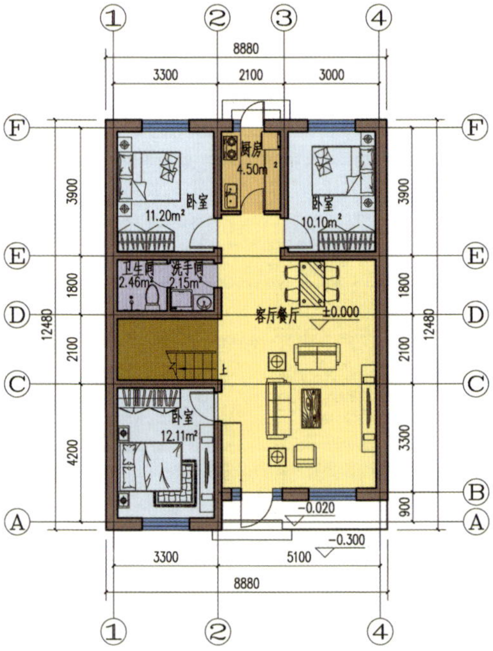

C 户型首层平面图

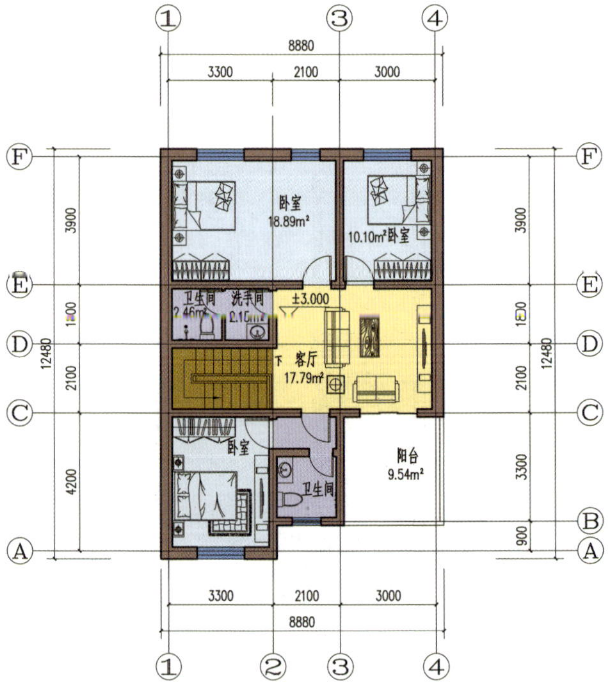

C 户型二层平面图

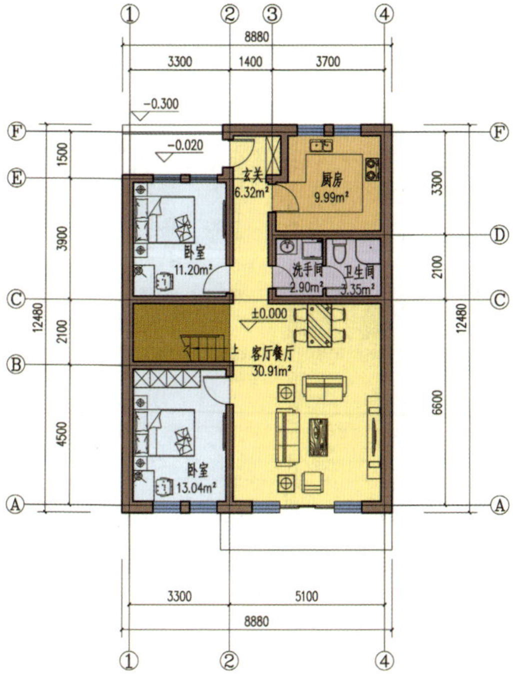

D 户型首层平面图

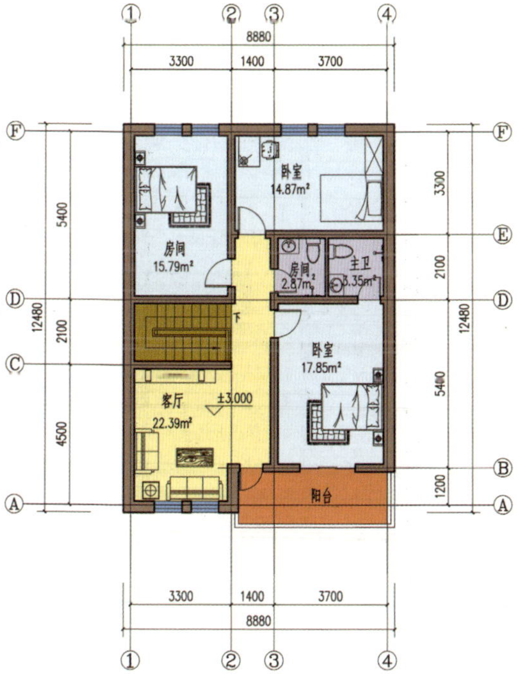

D 户型二层平面图

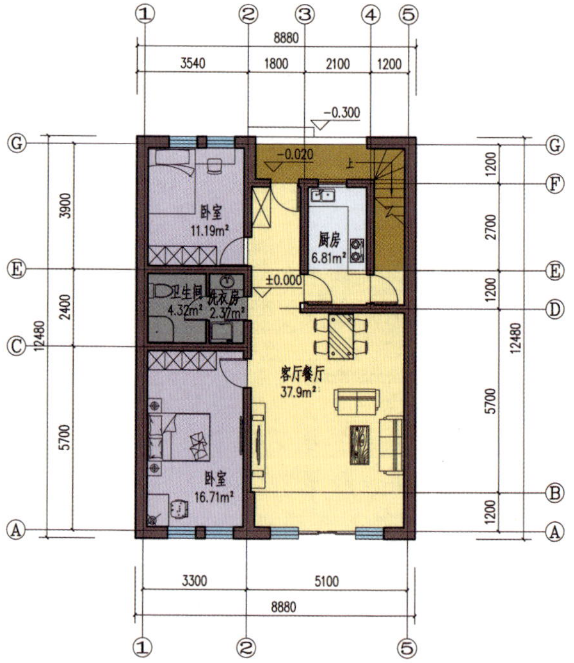

E 户型首层平面图

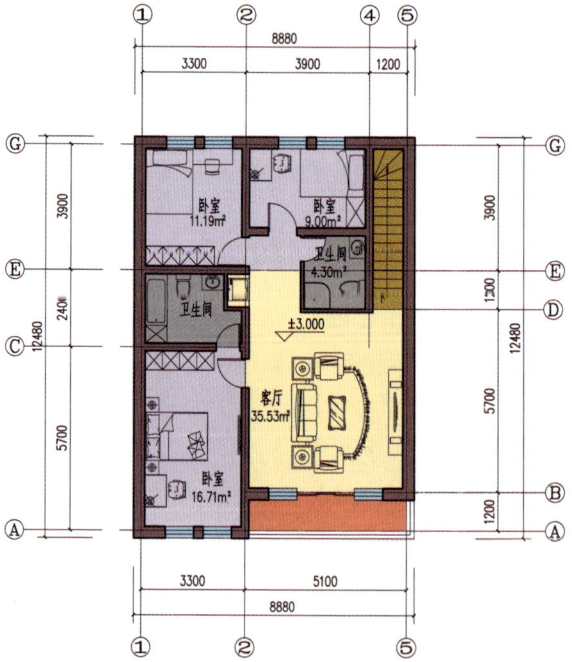

E 户型二层平面图

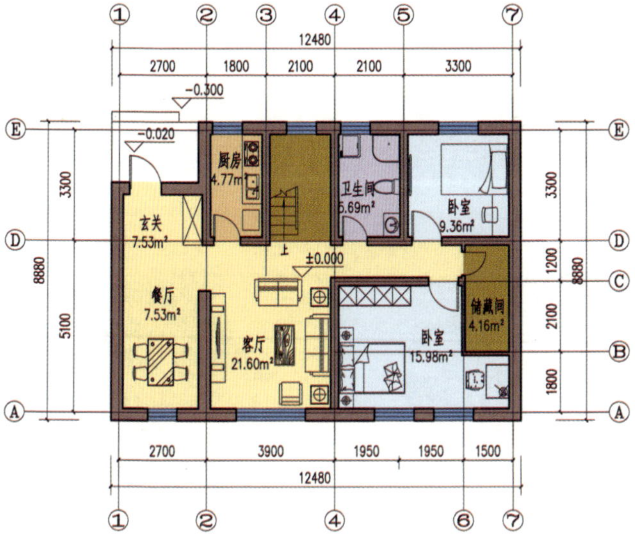

F 户型首层平面图

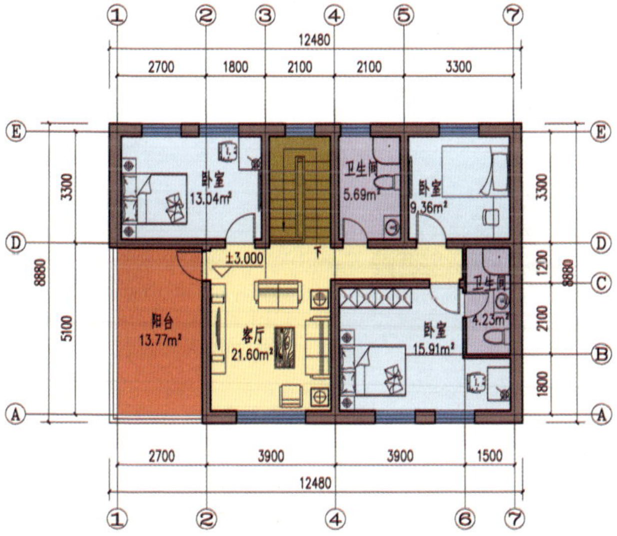

F 户型二层平面图

4）效果图

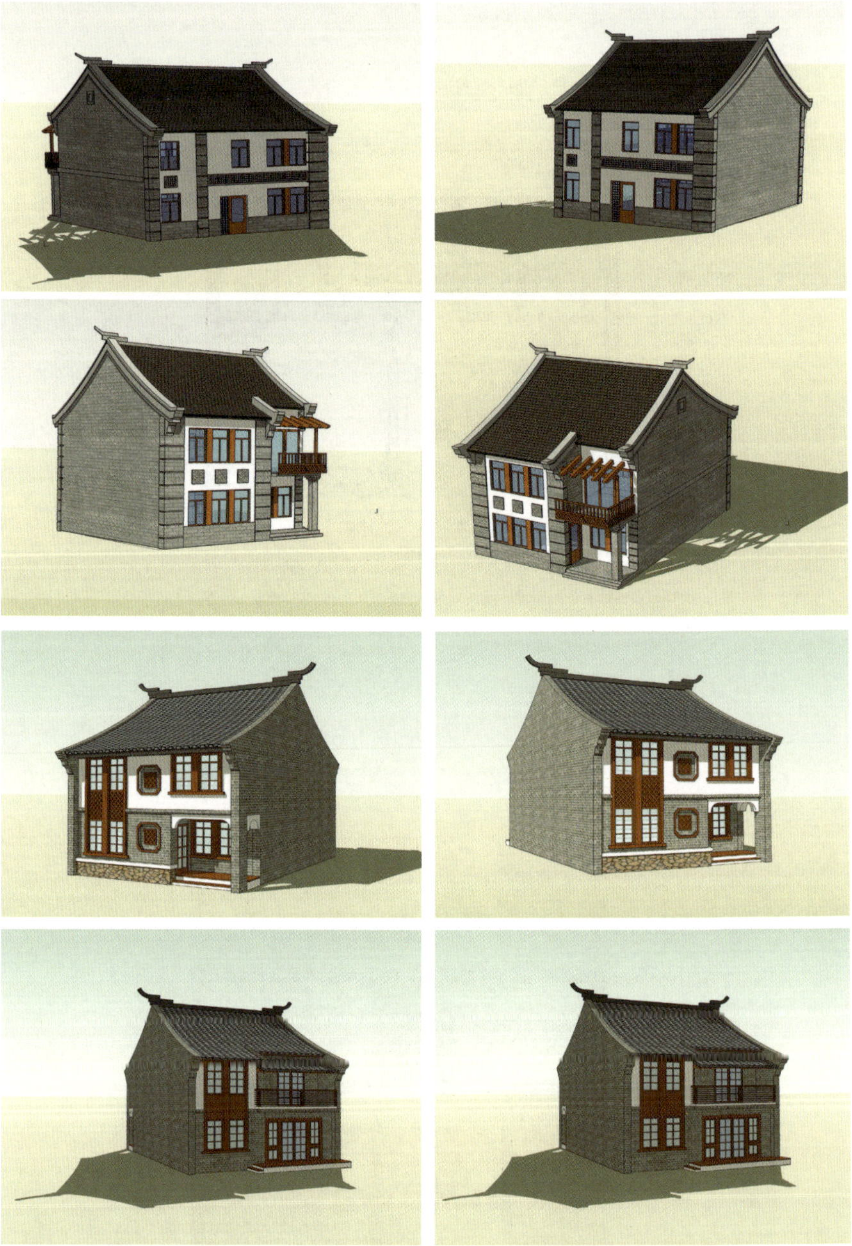

安置房效果图 1

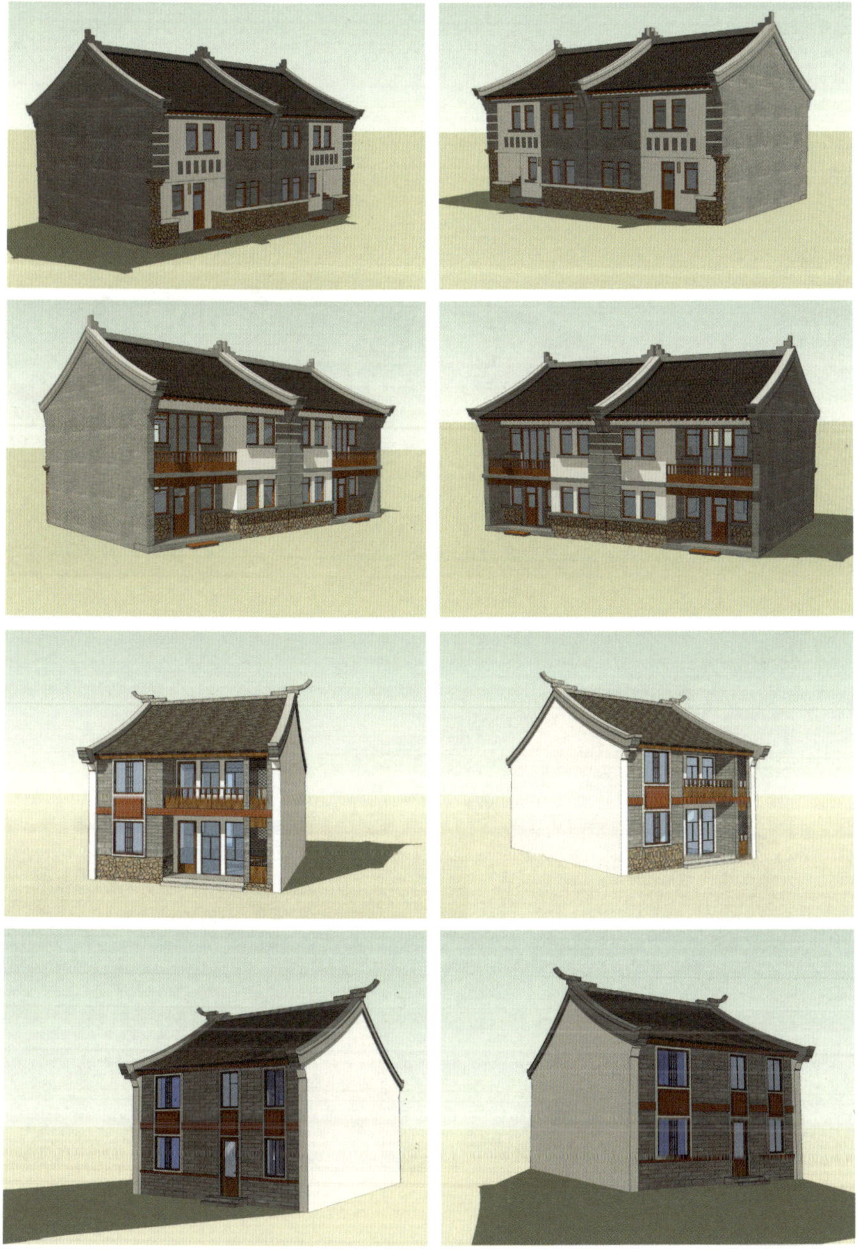

安置房效果图 2

5）实景

安置房实景

3.5 产业 IP

随着太子小镇的日益完善，来这里的游客越来越多，小镇上除了原有的餐厅，其他类型的经营业态渐渐多了起来，平日里悠闲的小镇居民每到节假日便忙碌起来。

自家种的新鲜蔬菜拿到菜市场来售卖

菜市场作为小镇居民日常生活的一部分，现在成为游客的“造访之地”

天气好的时候，人们出来散步、聊天

在风景宜人的环境中，广场舞是必不可少的

小镇路边，春暖花开，沿着花带便可前往镇里

将太子小镇字体的识别性与太子小镇大树精神相结合，拥有丰富内涵和美好寓意

太子小镇的标牌以对节白蜡树为主题，目前已注册商标

底纹效果

水泥袋包装封口

不干胶

有了注册商标，很多产品以“太子小镇”的品牌统一对外销售

太子森林小镇自驾游线路图

为了更好地发展旅游产业、增强服务意识，太子小镇作为旅游集散中心，还为周边喜欢自驾游的游客提供了详细的路线。从王莽洞、石龙镇、屈家岭、京山、荆门、天门、孝感、随州、荆州、襄阳、宜昌到武汉，每一条路线均标示了翔实的里程和行车时间

4 手 记

4.1 设计小记

“我不改”——太子小镇营造随笔

2017年是太子小镇快速发展的一年，经过近三年的建设，小镇已初具模样。现在回想起建设之初的情景，那真是“困难重重”。

“前六个月是最难熬的！”孙君老师在一开始就给设计团队打了“预防针”。小镇的规划方案在前两个月已经形成，如何落地实施，既要速度又要效果，成了必须解决的问题。当时，小镇的改造还没有成效，大家对于旅游业的规划半信半疑，而且为了提升整体面貌，要个人出钱改造自家房子，因此，大家对此持观望态度，谁也不愿意率先尝试。

从党员干部入手，从经营户入手。

在讲解规划构思、带领大家外出考察、制定奖补政策之后，我们决定从党员干部、从经营户入手。这便是太子小镇第一批改造的六户。这六户意义重大，为了保证质量，确保示范效果，我们特意请来“御用施工队”的郑世宏老师。孙君老师针对每一户绘制了手绘图，在电脑上反复调整尺寸和比例之后，终于定稿、准备开工。可就在这时又出现了问题，其中一户的外立面使用泥土色的涂料，这家主人看到效果图后坚决反对，“我不改，我家现在的瓷砖挺好的，不能改完后变成土房子！”即将开始的施工被迫停下来。改材料？可这六户一气呵成的视觉效果就不理想了。怎么办？于是，我们给房主讲解这种材料的性能，林管局柯局长也鼓励他：“你按照这个样子改，将会是这条街最有特色的一户！”最终，这家主人接受了设计方案，施工正式开始。这六户的施工过程其实很缓慢，林管局着急，住户着急，施工队着急，我们更着急。可是没有办法，痛苦的过程必须经历。了解原有建筑的使用功能，处理具体的构造问题，选用合适的材料，权衡价格，以及在外地施工方与当地人员之间协调、沟通，这些问题需要逐个解决。这六户改造好了，磨刀不误砍柴工，后面就都好解决了；如果这六户的改造效果不好，后面工作的难度可想而知！最终，这六户的改造全部按图施工，效果非常好，而且施工方郑世宏老师对设计意图理解得非常透彻，他本人在现场进行再创作。房屋的很多细节体现了当地传统特色，实际效果超出图纸要求。原来的“土房子”改造完成之后，主人颇为满意。

第一批改造的示范效果很好，后面的群众动员工作变得容易起来。非常可贵的是，大家不再认为改造工程仅仅是为了改善小镇面貌，而意识到在改善面貌的同时，自家房屋和周边的居住环境也会大大提升，生活方式更加积极、健康。因此，大家愿意为美丽的环境、美好的生活买单，愿意去维护、去珍惜。最终，在小镇居民的要求下，原本计划的“三分之一精改”原则变成了“户户精改”。

太子小镇的改造历程，再次证明万事开头难。着急归着急，但必须尊重客观规律，不回避问题，一一解决，后面才能一顺百顺。

4.2 访 谈

4.2.1 专访太子山林场管理局局长冯正尧

整个规划设计的效果如何？是否符合之前的预期？

冯正尧：规划设计切实可行，便于落地实施，而且极具特色，社会反响良好。到目前为止，很多项目改造基本完成，包括民居改造和水、电、路等公共基础设施改造。同时，我们积极引进社会投资主体，投资建设了森林健康城、太子书院等项目，特别是太子山狩猎文化主题公园项目，与太子森林小镇相呼应，为小镇产业发展起到了很好的支撑作用。目前，小镇常驻居民（职工及家属）约 2200 人。小镇改造启动之后，由最初的不接受到现在的踊跃报名，职工的参与度明显提高。

孙君老师及设计团队是主要负责太子小镇的规划设计吗？在进行小镇的规划定位时，有多少创意来自林管局，有多少创意来自设计团队？

冯正尧：他们主要负责太子小镇的规划设计。在 2014 年孙君老师介入之前，我们请过多个设计团队，最后选择孙君团队，因为他们的设计理念和规划方案非常具体，具有很好的落地性。

其他规划设计落地有难度，最重要的缘由是资金问题吗？还是因为设计理念的问题？

冯正尧：核心问题是资金方面有难度。

假如有人投资，政府会选用那些方案吗？还是会选用孙君老师的方案？

冯正尧：不能一概而论，孙君老师的设计方案，节点很完善、很具体，而且可以在现有基础上做。其他方案很宏观，把已有的全部推翻，重新建造。孙君老师的理念非常好，让鸟儿回来，让年轻人回来。现在，通过改造，很多年轻人看到小镇的发展，纷纷回到家乡。相比之下，有的设计只注重外观改造，而孙君老师的设计更注重本质、更关注发展。

项目推进的过程是比预期慢一些吗？

冯正尧：是的，原计划的改造时间是两年，实际上是三年。小镇的建设涉及方方面面，不仅针对建筑群体，建筑群体的改建或完善因人而异，应满足人民群众生活和生产的需求。原来计划经过两三年的建设，打造一个体现文化传承的现代文明小镇。因此，不能简单地说用多长时间可以建好，不能简单地定性。如何通过改造实现小镇产业的可持续发展，是项目建设的核心问题。孙君老师提出，小镇的建设应当有产业支撑，由投资主体来做。他的家乡——马鞍山小镇的项目建设，规划设计得到投资主体的认可，并且落地实施，取得了很好的效果。孙君老师不断地探讨和总结乡建项目经验，这也对太子小镇项目设计团队提出了更高的要求。

商业设计通常只考虑技术层面，而乡村建设或小镇建设则不然。这对于设计师是否是一个很大的挑战？

冯正尧：在林场转型和发展过程中，我们常说“放下斧头不砍树，腾出手来看树看景观”。在太子山看什么呢？看生态景观。如何将周边城区的居民吸引过来消费呢？要依托景区，围绕旅游业的几大要素展开，把游客服务到位。同时，也不能只关注游客需求，更重要的是考虑当地居民，让当地居民受益，带动他们创收、增收，带领人民群众奔小康。这也是太子山转型所面临的问题，必须把国家政策和现有的自然资源综合起来，把周边景区融入这个“生态圈”。只有这样的小镇建设，无论外观改造还是基础设施配套，才是为百姓谋福利。小镇建设与产业发展息息相关，更与百姓奔小康密不可分，而并非简单的外观改造。另外，我们要以党的十九大精神为指引，按照产业兴旺、生态宜居、乡风文明、治理有效、生活富裕的总要求，大力实施乡村振兴战略，落实振兴乡村的计划；按照习近平总书记的部署，在振兴乡村计划中，发挥太子小镇得天独厚的优势，在特色小镇的创建进程中走在更前列；敢于抓住机遇，政策结合实际，发展业态，以业态为支撑，让人民群众受益。

4.2.2 专访太子小镇总设计师柳建

您自称是孙君老师的“徒弟”，这是怎样的渊源？

柳建：这应该追溯到我与孙君老师相识，是他带我进入了乡村建设这个领域。当时还没有“乡建”这个词，只是说项目在农村，孙君老师一直做乡村设计。我原来在设计院工作，是一个普通的设计人员，因为认识孙君老师而从事乡村设计，所以他是我的老师。另外，在这么多年的实践中，孙君老师的乡建理论和独到见解，一直指导着我从事乡建工作。在这个方面，他更是我的老师。

您和孙君老师一起做过哪些项目？第一个项目、印象最深的项目、现在觉得完成最好的项目分别是哪个？

柳建：我和孙君老师做过很多项目，遍布全国，比如山东单县、四川雅安、河南淅川、河北阜平、浙江松阳等地。第一个项目是在 2005 年与孙君老师合作的湖北襄阳谷城县五山镇项目。这么多年来，令我印象最深的项目是湖北荆门太子小镇项目。太子小镇位于太子山国家森林公园的中心地带，我们对小镇进行整体化的产业植入和改造提升，用时两年多，是“农道（北京）”做得比较完整的一个项目。截至目前，我觉得在这些项目里谈不上哪个是做得最好的，因为每个项目的类型和方向不一样，但影响最大的是河南省信阳市郝堂村项目。同时，该项目的建设是在乡建的概念提出来之前进行的，被中央电视台、《人民日报》以及其他媒体多次报道，影响很大且反响较好。

目前还有哪些项目在进行中？作为“绿十字”的中坚力量，对于乡建理论和思想感触颇多，请谈谈您了解和理解的“绿十字”。

柳建：目前进行的主要是河北省阜平县项目，包括改造提升和搬迁整合。因为涉及的村庄比较多，所以建设尚在进行中。此外，还有山东单县项目和湖北仙桃项目，作为“乡村振兴”的试点。

作为“绿十字”的中坚力量，我对于乡建理念和思想感触很深。这是一套完整的系统，最具代表性的有两点：一是系统乡建，二是落地规划。系统乡建是指规划设计不仅包括硬件方面，如对房子、道路和景观进行调整、提升，还包括软件领域，即将来如何经营、对村民进行培训、把建好的设施更好地利用起来，以及产品设计等。只有硬件和软件相结合，才能让乡村真正“活”起来，这是我感触最深的。落地规划，这里的“规划”实际上包含通常意义上规划设

计 + 建筑设计 + 室内设计 + 景观设计一整套流程。我们去过很多地方，当地政府工作人员拿出之前的规划图纸，我们颇感奇怪，既然做过了为什么还请我们做？他们说：“这个规划非常好，但不知道如何落地实施。”因此，在乡建项目中落地规划意义重大。这两点是我理解的“绿十字”的核心理念。

太子小镇项目很特别，不是纯粹的“乡建”。最初接触这个项目时，对这方面有哪些考量？

柳建：太子小镇项目确实比较特别。刚开始，我们很茫然。项目甲方——当地林管局并不知道具体要委托我们做什么，只有一个大方向，让我们负责规划设计。在向工作人员了解情况、实地走访林场后，我们逐渐明确所要采取的具体方法。太子小镇项目不是纯粹的“乡建”，这是因为：首先，它不是乡村，而是国有林场的办公区和生活区，这个概念与其他乡建项目不一样；其次，除了改善小镇的环境面貌，更重要的是让小镇的职工增收，这涉及产业提升方面的工作。

太子小镇最初有个规划，却不能落地。在后来的方案中，关于生态旅游集散地等定位，有多少创意来自原有规划？导致原有规划无法落地的主要原因是什么？后来的方案中最大的优势是什么？

柳建：我们的方案与太子小镇最初的规划目标是一致的，即通过规划设计，展现太子小镇的特点，打造完善的配套设施。“旅游集散地”的概念是我们在周边调研之后特别提出的。小镇周边景点很多，希望游客来这儿之后的第一站是太子小镇，然后以此为中心，前往别的景点。从小镇出发，几小时之后便可到达周边景点。“集散地”特别适合小镇原有的设施，定位比较实际。原有规划不能落地的原因是投资太大，一共投资 20 多亿元，林管局不知道从哪儿入手、从哪儿筹来这么多钱、资金到位后怎么入手，这是一系列问题，所以没办法落地。我们的方案最大的优势是大规划、小切入，每个方面均有一个着手点。太子小镇的着手点是最先改造的六户房屋，这不仅起到示范作用，而且告诉小镇居民，我们要干什么、怎么做、完工之后达到什么目的。样板间的出现激发了居民的积极性，这是主要目的，也是方案实施过程中最大的优势。

当地居民属于“非城非农”，在沟通、规划设计、实施等过程中，与其他乡建项目有什么不同？

柳建：我们在这方面深有体会。太子小镇的居民特别友好，他们是具有一技之长的林场工人，在规划设计的过程中有自己的想法，他们的创意让规划设计实施得更加顺利。看到样板房之后，加速了自我推进的过程。然而，这其中也有些阻碍，他们的想法与设计团队的不一致时，我们就要花很多精力为他们讲解、说服他们。

整体规划中，多少对公？多少对个人？

柳建：太子山的整体规划，60% 对公，40% 对个人；进入实施阶段之后，为了确保规划设计落地实施，在驻场过程中，80% 甚至 85% 对个人。

“旅游集散地”这个定位，对周边未来的旅游市场进行了哪些调研和评估？有数据支持吗？由此，改造的意愿有多少来自居民意愿和市场主导？多少靠引导、说服？

柳建：把太子小镇定位为旅游集散地，是因为周边旅游资源很多，森林公园有三四个，还有水库。这里一直有散客来游玩，在周边城镇中算发展得比较好的。我们认为将太子小镇作为一个旅游集散地，资源和人员达到一定的规模，游客到此游玩，同时是对林场产业发展比较好的定位。改造意愿基本上靠引导，采取先引导再报名的方式。太子小镇尚未形成规模，很难有市场主导。该项目首先是改善居民自家的生活环境，其次是开拓旅游市场。大家觉得改造做好了，居住环境提升了，生活品质提高了，自己也特别积极。

林场采取“自愿参与、首批补贴”的政策，但改建改造的费用仍然不低。那么，在造价方面，怎样控制、协调？

柳建：造价方面，主要体现为对材料的控制，材料多是就地取材，聘用当地人员，价格比较透明。同时，考虑到太子小镇的特点，比如山上有石头、树木比较多，所以多使用这些材料，成本相对降低。另外，改造的费用相差悬殊，投入多少资金，主要取决于房屋将来的用途。房屋改造以自己报名为主，有的人打算将来搞经营，宁可多花一点钱；有的人打算一直自住，少花一点钱。

原方案是否全部完成了？还有多少新增的任务？如何完成？

柳建：原方案全部完成，而且比预期要多。预期精改户占 1/3，普通改造占 1/3，还有 1/3 不动。现在，实际报名人数和精改户人数都超过预期，新增的任务有很多。整个设计的任务需求是一个不断变化的过程，有可能这块儿成熟了就先做这块儿。新增的任务为 20% ~ 30%，一步一步地完成，虽然与合同内容不同，但这些改造是必需的。为了保证任务的完整性，必须把新增任务一一完成。

其实，仅从太子小镇来看，很难发现它与周边景区的联系，也很难形成互动和促进，这在规划设计中是否有所涉及？

柳建：太子小镇本身是个景区化的小镇，地处大景区之中。小镇与周边景区未形成明显的联系，但周边的人都知道来这儿是为了去景区，比如王莽洞、森林公园等，所以住在太子小镇会更方便。另外，太子小镇做了一些宣传，比如民宿、餐厅发放宣传品，介绍周边景点，包括一天、两天的景点行程。规划方案里专门有“宣传推广”这一项，包含很多内容。后期还要加大宣传推广的力度，让更多的人了解太子小镇。

目前，周边旅游还没有达到预期的规模，小镇上的经营主体并不多（原经营户、新经营户），如果有后续任务或新增任务，思路上有没有什么变化、调整？

柳建：目前尚没有达到预期的经营效果，因为建立市场知名度需要一个过程，比较缓慢。后续如果新增任务，整体思路不会变，只是把任务重点转到开发、经营方面，重点引入一些比较知名的品牌。这样一是扩大小镇影响力，二是带动当地品牌的发展。因此工作重心将有所转变，从初期的软件、硬件和配套设施建设转换到开发和经营。

对于整个项目，哪些部分是不合适、不合理或应该改进的？

柳建：我希望太子小镇拥有高水平的经营设施，能够体现武汉市经营设施的相应水准，比如民宿、餐厅，这是目前缺乏的。另外，在整体运营思路上，应当进行系统的把握，比如店铺类型。作为生产、生活集中地，这块儿是够用了，但在旅游接待方面，将来游客多了，小镇的业态应该是什么样的，还需要进一步探讨和提升。

太子小镇上还有很多非“绿十字”的项目，这些在规划设计的统筹范围之内吗？这种交叉对项目的整体实施有什么影响？该怎么处理？

柳建：小镇上确实有一些不是“绿十字”的项目，这在规划设计中需要统筹考虑。在规划设计之前，林管局工作人员向我们介绍了项目的位置和规模。统筹之后，他们按照规划构思，找其他单位来设计。这种交叉对项目的整体实施有一定的影响，但不会破坏项目的大方向。因为只涉及局部，比如体量和规模，并且不在主要位置，所以影响不太大。如果遇到出入很大的地方，我们则提出建议，进行相应的调整。

“红门”的设计有争议，作为设计师，您怎么看？

柳建：“红门”的设计确实有争议，但我觉得在那个地方需要类似精神堡垒的东西，而且在历史上也存在过。另外，有争议不是坏事，会给人留下深刻的印象，让人记住，所以值得做、应该做。“红门”的风格比较特别，把人一下子拉到当时的场景，即20世纪五六十年代，因为太子山建于1957年，所以“红门”一下子把人带回这个特殊的年代。

小镇上有几个样板间空着，因为用地问题无法投入使用或按照原方案进行施工，为什么？

柳建：样板间建成后，因为有人不同意使用分配方案，所以搁置了。空在那里的确非常可惜，但并非项目本身有问题。这种情况在乡建过程中经常遇到，因为乡建是一个不确定的建设过程，不知道哪些内容能够按照规划去做，哪些部分建着建着就变了方向，这也是乡建的一大特点。因此，乡建规划是动态的规划，是不断调整的规划设计。

“绿十字”参与的项目有明显的特征，比如青砖、村标（“破”房子、磨盘等），几乎出现在每个项目中。有人说，村标、镇标并不适合这里，您怎么看？应该使用村标、镇标，还是“绿十字”标？

柳建：有的地方确实存在这个问题，但这不是“绿十字”的特征，而是乡村的特征。乡村本身的破旧面貌和村落元素是类似的，比如青砖、磨盘，这些是乡村共有的。设计应该体现乡村的特征，而并非“绿十字”的特征。另外，在规划设计过程中，应当将“风格”贯穿始终，有类似的地方很正常，但也有很多不一样的地方，比如南方的乡村和北方的乡村在环境气候、色彩、面貌、使用材料方面，具有不同的侧重点。因此应当在规划设计中体现当地特色，比如湖北靠水边的项目以白色为主调，显得轻盈；北方河北山区的项目以灰色或偏暖的土黄色为主调，更契合当地浑厚的建筑和环境背景。总的来说，应当具体问题具体分析。

“乡建”，尤其是像太子小镇这样依托周边旅游业的发展，是非常规的规划设计，产业的可行性和持续性更加重要。您怎么看待这个问题？

柳建：规划设计都会涉及产业发展，可行性和持续性非常重要。建筑、街道的设计，前期的硬件建设是暂时的，可能三两年就能实现，但后期的产业发展是确保小镇能够自我运营、自我深化的关键。这在后期发展过程中不断更迭、不断调整、不断变化，有的产业一直持续下去，但有的产业则根据社会经济和周边商圈的发展而不断变化，这很正常。太子小镇依托周边旅游业的发展，这是该项目的一大特点。在规划设计中，要把这个特点“放大”，围绕这个特点进行规划和设计。

您同时在学校任教吗？高校的科研、学术力量和条件对项目建设有什么帮助？

柳建：我之前在学校任教，现在因为项目较多，需要现场调研、驻场，所以偏重于项目建设。高校的科研和学术力量确实非常强大，如果将这些资源与项目建设相结合，那么是大有裨益的，比如更加翔实的前期调研、更加具体的细部设计等。反过来，对高校而言，能够与市场结合、与实践结合、与理论结合，受益也很大。因此，项目建设和高校资源之间的合作应该是未来的发展方向。

4.3 媒体报道

宜居、宜业、宜游的太子小镇

时间：2016 年 11 月 10 日

来源：《荆门日报》

“十一”黄金周，太子小镇迎来客流高峰，从河南、湖南以及省内武汉、襄阳、荆州等地驾车前来的游客络绎不绝，景区停车位及周边宾馆住宿一度出现紧张状况。据统计，国庆假日七天，太子小镇日均接待游客近万人次，同比增长约 40%。

“今年游客的增长幅度是最大的。”太子小镇相关负责人介绍说，“2012 年，太子小镇被列入省级旅游名镇第二批增补创建以来，我们抢抓机遇，真抓实干，投入近 4000 万元进行建设。目前，以观花、探险、狩猎、拓展、休闲等为特色的王莽洞景区、狩猎主题乐园、太子花田、仙女紫薇园、龙台月季园五个景区初具规模，‘宜居、宜业、宜游’的太子小镇正逐渐成为中国农谷核心区、荆京城镇化示范区、紫薇花景观带上新的亮点和旅游集散中心。”

太子小镇位于京山县境内，是湖北省太子山林场管理局机关所在地。小镇建设不仅是房屋、街道、树木、花草等外在的物质改造，更重要的是产业的转型改造，以及人们内在素质、理念、道德、礼仪、修养的改造；不仅打造美丽的外表，更展现当地人的内涵、气质和精神；不仅是自身的改造，更重要的是吸引、带动周边居民参与进来，形成区域优势。现在以小镇为核心，对于屈家岭管理区、京山县石龙镇、石龙水库、京山县虎爪山林场、钟祥市大口和盘石岭林场等周边辐射示范效应初显。

如何规划太子小镇？这时，“绿十字”进入规划者的视野。“绿十字”成立于 2003 年 12 月，其宗旨为关注生态、关爱自然、保护环境、珍爱地球家园、树立公众的环境意识、倡导资源节约，是在民政局注册的民间非营利环保机构。其关注领域包括：城乡生态环境建设，资源循环、再生利用，青少年环境、文明、道德教育。其内涵是关爱人与自然的和谐。

“绿十字”的宗旨、内涵等方面与太子小镇最初的规划不谋而合。

相同的目标，把“绿十字”和太子小镇的规划建设紧紧联系在一起。设计团队对太子小镇进行重新规划和定位，实现文化修复、产业修复和生态修复，采用国内首创设计。在文化定位上，以当地三代人为限，构建与村民生活息息相关的文化氛围；在人文上，以林为生、以林为家，将地域特色与本土文化相融合；在经济上，规模并不庞大、超前，而具有可承受性和可操作性。

太子小镇建设项目，资金落实是关键。太子山林场积极与省发改委、财政、住建、交通、水利、国土、文化、旅游、林业等省直部门对接“中国农谷”“文化创作交流基地”和“湖北旅游名镇”建设项目，赢得更多的项目支持。限定时间对临街面住房进行改造的居民家庭按户给予补助，极大地激发了居民的改造热情和参与改造的积极性。

在集镇建设的同时，注重加强文化创作交流基地、狩猎主题乐园、王莽洞风景区、花田花海、紫薇观光园、植物园等景区景点的建设，合力提升旅游整体实力。对小镇及主要景区道路全部“黑化”，日处理1000吨的污水处理厂投入使用。小镇景观绿化、标志系统、人行道、生态停车场、环保型厕所、游客中心等工程分步建设，让小镇有了一个全新的面貌，逐步实现全域旅游发展。

据介绍，太子小镇是太子山森林文化旅游度假示范区的重要项目之一。太子山森林文化旅游度假示范区是中国农谷核心区门户，不仅拥有鄂西圈和武汉城市圈节点的区位优势，还拥有省级文化产业重点建设项目（文创基地）、省级旅游名镇及省级旅游综合示范镇（太子小镇）建设契机。基础设施建设比较完善，旅游项目具有一定的规模，生态环境优势比较突出，符合当前国有林场改革转型发展的形势，因此，因时因势地打造太子山森林文化旅游度假示范区项目，符合省级旅游发展规划布局。

太子小镇弘扬荆楚文化，突出“绿色、文化、运动、养生”主题，在“新、特、精、优、静、净”六字上做文章，保护生态环境、发展生态休闲旅游、展示森林生态文化，全力打造倡导森林探险与越野、回归自然的王莽洞景区，以森林狩猎、运动健身为主题的龙台风景区，以赏花旅游为主题的仙女紫薇园等文化旅游项目。

太子山国家森林公园：一颗璀璨的“绿色明珠”

时间：2017年8月11日

来源：千寻生活

撰稿：云间

湖北省太子山国家级森林公园坐落在美丽富饶的江汉平原的北缘，位于江汉平原北缘与大洪山南麓的交汇处，处于京山县的西南部，是中国农谷核心区的绿色生态屏障，与湖北省会武汉市及周边中型城市相距均在150千米左右范围内，公园总面积7930公顷，森林覆盖率达83%，被誉为镶嵌在荆楚大地上的一颗璀璨的“绿色明珠”，同时是一个集探奇寻幽、休闲康体于一体的生态旅游胜地。放眼望去，满目青山，苍翠碧绿，高耸入云的松杉，硕果满枝的果园，波光粼粼的渔湖，流金溢彩的村落。风景如长廊画卷，似彩卷翻飞。置身这一天然森林氧吧当中，亲身体验一场自然的饕餮盛宴。

太子山是狂野、神秘的皇族天然猎苑，拥有神奇的地下探险溶洞——王莽洞，鬼斧神工的地面景观——石仓雨林，隐藏无穷玄机的天然佛洞——藏佛洞，唯美自然，让您流连忘返的林中花海——森林氧吧园，省级文化事业重点项目——湖北文化创作交流基地，独特的森林休闲狩猎场——太子山狩猎俱乐部。

王莽洞风景区地处荆门市京山县西南部，是太子山国家森林公园核心景区，也是中国农谷核心区唯一3A级景区，开发了溶洞探险、石林探险、林中休闲、林下采摘等特色旅游产品，主要建设了王莽洞、石仓雨林、藏佛洞、蝴蝶镜潭、游步道、樱花园、灵芝园等景点，其中尤以神奇的地下探险溶洞王莽洞称险，以树石藤相依相生的自然景观石仓雨林显奇，以隐藏无穷玄机的天然佛洞藏佛洞显灵，被誉为“生态保健园、天然健身房”。

文创基地背倚秀美青山，面向宁静森林小镇，司马河蜿蜒流过，以“石龙出水、落玉飘带”为主题设计，按照“国内知名、国际一流”的目标建设。项目分为核心区和拓展区两大块，核心区突出荆楚文化特色，主要功能为文化展示、文化交流与创作、文化论坛等，主要建设内容有艺术家工作室（翰墨丹青、阳春白雪、楚音汉韵）、文化博物馆、文化研究中心等。拓展区突出原生态特色，立足于拓展文化价值，发展苗木、水果、蔬菜、水产等产业，用于休闲、旅游、观光。

太子小镇，一个读书与发呆的地方。它不是异域风情的北国古镇，也不是小桥流水的江南水乡，而是镇在林中、路在绿中、屋在园中、人在景中的森林小镇。在这里阅读，捧一卷书，端坐成一道风景。木制的长凳、摇摆的秋千、水边的石阶，随意坐下。偶尔发呆，看池塘里香樟的倒影，看无忧无虑游弋的鱼儿，宛如世外桃源。

细品，是抒情的长诗。

难怪文人们对此倍加赞赏。诗曰：峰峦拱日出，松骨增银辉，百兽林中栖，群鸟树上飞。又曰：山名太子仙女，地下王葬藏金，林中花果如织，山间泉水流银。也有人称这里：山，因太子而名；洞，因王莽而险；泉，因仙女而甜；石，因天然而美；岭，因王飞而奇。太子山深藏于永隆、石龙、新市、钱场、杨丰、屈家岭之间。其山水天然去雕饰，古拙而清纯。

浪漫太子山，亲近大自然，让您畅享一段休闲、一种态度、一场生活。

美丽乡村建设他山石之三——太子小镇

日期：2016年6月22日

来源：兴山县人民政府官网

身处太子小镇，会心静如水；离开太子小镇，会留恋于斯；再来太子小镇，会犹如初见。这是一位去过太子山的网友说的。我已是第三次光顾这个宁静的小镇，每一次都给我不一样的感受，感受她悄然的变化。

太子山是一个国有林场，从G42下高速不远，就到了太子小镇的入口，一处残壁断檐景观上挂着太子小镇的标牌，看似是一处未完工的建筑，实则每一处都匠心独运，建筑材料全部取自周边农户遗弃的废砖旧瓦。

走在小镇的道路上，仿佛进入花的廊道，两旁的格桑花、向日葵、百日红等次第开放，姹紫嫣红，芳香扑鼻。

小镇上居住的都是林场职工，以前的房屋是积木式的小楼，毫无特色。美丽乡村建设启动后，林场聘请孙君老师进行风貌设计，居民按照自己的意愿进行改造，政府适当补贴。有的改造后开设餐馆、旅店、商店等，更多的居民则享受这种宜居的优美环境。

太子小镇的街道并不宽敞，但干净、整洁。设计师追求的不是车水马龙，而是宁静，于是在小镇的门口设计了大型停车场，让小镇静下来。

街道两旁民居前的人行道，每一处都精心雕琢，或以方砖铺成各种花纹，或以卵石曲径通幽，花坛中栽种各种花草，四季芬芳吐蕊。门亭选用当地的泥土、砖瓦、木材等，露出本色，不加任何遮掩，原汁原味。

而室内装修则突出适用简易，用材也以木竹砖石为主。居住其中，既不失野趣，又简约、大方。若有三五好友，三室一厅的旅馆也只需五六百元一晚，可尽情享受这份宁静与舒适，放松心情，亲近自然。

目前，太子山已建成180公顷仙女紫薇观光园，166.7公顷桂花，33.3公顷林下花海（杜鹃、牡丹、二月兰等多种花卉），20公顷樱花，20公顷格桑花、月季……太子山以彼岸花、紫薇花、格桑花等特色花卉为主题，深度融合花卉苗木与赏花游产业，突出品牌特色，建设赏花游品牌、四季有花看的知名赏花旅游区。繁花似锦的花田小镇吸引了大批游客和摄影发烧友前往太子山国家森林公园观光游览。

给京山太子小镇的微情书——在太子小镇，等待爱情

撰稿：刘燕双

爱一个人其实不需要朝朝暮暮，不然就没有了思念；喜欢太子小镇也不必日日厮守，不然就没有了期盼。

身处太子小镇，会心静如水；离开太子小镇，会留恋于斯；再来太子小镇，会犹如初见。

某一个寂静的冬，与你相遇。从来不知道，世界上还有这样一个美好的去处，会深深吸引我。那一弯小路，那一抹嫣红，那一阵鸟语，那一缕阳光。就像尘世中的两个人，一旦相见，默然相爱。

一叶一世界，一花一心情。在太子小镇，每一个季节都有让你牵挂的理由，每一次到访都有让你不忍离去的力量。

爱一个人，恋一座城。太子小镇，无关风月。也许，爱上小镇，也会想，在这里，等待爱情。

景区红叶

在冬天与你相遇，陪你经历了一个春天，又一个夏天。以后的每一个春夏秋冬，我依然会来这里，与你相守。

喜欢在这里醒来，听着鸟鸣，婉转着浅唱低咛。透过宽大的落地窗，满眼的绿，连空气都是绿的。水杉还在酣睡着，细碎的阳光，洒满密密的树叶。

微醺的风，轻吻我重重的睫毛，吹乱了我齐腰的长发。在这样一个慵懒的早晨醒来，该是怎样的美好呢，身心都是愉悦的。这样的清晨是不应该睡懒觉的，披一件亚麻的长袍，到树林里去，打太极，抑或晨读。

粗犷的对节白蜡，深情地一低头，纤细的玫瑰即刻羞红了脸。最好有一杯溢着清香的绿茶，与我一同静待花开。太子当年，读书累了，也会清茶一杯发呆吗？

喜欢在这里撒野，满山游遍，携裹一身花香。探究王莽洞，思西汉故事，神奇畅快；攀爬石仓雨林，看藤蔓温柔，彼岸花黄；奔走狩猎场，我乃女儿身，还待来世；漫步石龙水库，听水声拍岸，恍如海边。

三百亩牡丹，错过花期；八百亩紫薇，丌成花海；百亩藤蔓，即将长成。套上牛仔裤，换上马靴，做一回女汉子，恣意疯狂。

我要在这里，读书，发呆，种花，睡觉，等待爱情。

附　录

团队简介

农道（北京）建筑设计事务所有限公司

成立于2011年，是国内最早进行专业乡建领域实践探索的团队之一，为“绿十字”核心专家团队。总指导孙君老师，主持建筑师柳建。

“农道（北京）”自成立以来，秉承业界先辈所创办“营造学社”之理念，努力探研中国传统文化体系，尊重自然与人的基本规律。通过多年来的业务实践，在乡村建设、旧城保护与改造、古村落激活等领域，均有着非常独到的见解，并逐步形成了从规划设计、公众参与、施工把控到垃圾分类、品牌设计、内置金融等软件参与的系统乡建全过程服务；同时也具备了“一张蓝图绘到底”的落地性规划、陪伴式乡建的特点。通过一个个落地实施的项目，使我们的方法得以不断调整和印证，确保了项目的完整性、统一性和落地性。

资源有限，设计无限。努力把每一个项目做好，认真对待每一次实践的机会，我们感受和体会创作中的快乐，我们理解并构建想要的生活。

近期项目：

山东菏泽市单县美丽乡村重点项目

河北沧州市南皮县面貌提升重点项目设计工程

湖北仙桃市环排湖村庄建筑设计项目

湖北屈家岭考古遗址公园规划建设项目

湖北钟祥市嘉靖公园规划建设项目

设计师简介

柳建

国家一级注册建筑师、高级工程师、文物保护设计工程师

九三学社社员

北京市评标专家

清农学堂主讲导师

中国人民对外友好协会中国欧盟协会国际合作中心副秘书长

2015 年中国年度设计人物

目前，任职于农道（北京）建筑设计事务所有限公司，主要从事乡建领域的探索与实践。项目特点是注重系统乡建与规划落地。参与设计的河南郝堂村作为美丽乡村的代表被《新闻联播》和《人民日报》报道；主持设计的四川雪山村项目和戴维村项目由于融入了产业规划并成功实现盈利，被雅安市政府在当地灾后重建项目中推广学习；主持设计的湖北太子小镇项目被国家林业局作为林场改革示范点，在全国林业系统中推广学习。

代表项目：

湖北太子山林场太子小镇核心区建设规划项目（获 2016 年中国十大乡建探索奖）

安徽马鞍山濮塘老街建设改造项目（获 2016 年中国十大乡建探索奖）

四川雅安雪山村“4・20”地震灾后重建项目（获 2014 年度“全国魅力村镇”称号）

四川雅安戴维村“4・20”地震灾后重建项目

河南信阳郝堂村建设项目（2013 年，郝堂村被住建部列入全国第一批 12 个“美丽宜居村庄示范”名单，被农业部确定为全中国“美丽乡村”首批创建试点乡村）

“绿十字”简介

“绿十字”作为一家民间非营利组织，成立于2003年。十多年来，“绿十字”秉承“把农村建设得更像农村”“财力有限，民力无限”“乡村，未来中国人的奢侈品”的理念，开展了多种模式的新农村建设。

项目案例：

湖北省谷城县五山镇堰河村生态文明村建设“五山模式”

湖北省枝江市问安镇“五谷源缘绿色问安”乡镇建设项目

湖北省广水市武胜关镇桃源村“世外桃源计划——乡村文化复兴”项目

湖北省十堰市郧阳区樱桃沟村“樱桃沟村旅游发展”项目

河南省信阳市平桥区深化农村改革发展综合试验区郝堂村“郝堂茶人家”项目（郝堂村入选住建部第一批“美丽宜居村庄”第一名）

河南省信阳市新县“英雄梦·新县梦”规划设计公益行项目

四川省“5·12”汶川大地震灾后重建项目

湖南省怀化市会同县高椅乡高椅古村 “高椅村的故事”项目（高椅村入选住建部第三批“美丽宜居村庄”）

湖南省汝城县土桥镇金山村“金山莲颐”项目

河北省阜平县“阜平富民，有续扶贫”项目

河北省邯郸县河沙镇镇小堤村“美丽小堤·风情古枣”全面软件项目（小堤村项目被评为“2016年中国十大最美乡村”第一名）

“绿十字”在多年的乡村实践过程中，非常重视软件建设，包括乡村环境营造（资源分类、处理技术引进、精神环境净化），基层组织建设（党建、村建、家建），绿色生态修复工程（土壤改良、有机农业、水质净化、污水处理），村民能力提升（好农妇培训、女红培训、电商培训、家庭和谐培训），扶贫产业发展（养老互助、产业合作、教育基金，扶贫项目引入），传统文化回归（姓氏、宗祠、民俗、村谱），乡村品牌推广（文创、度假管理），美丽乡村宣传（通信、微信、网站、书刊、论坛、大赛、官媒）等。从2017年起，“绿十字”乡村建设开始运营前置与金融导入，进入全面的“软件运营”时代。

致 谢

项目建设用时两年多，在此期间得到了各方人士的支持和帮助，最终该项目顺利完成。在这里特别感谢孙君老师，他的精准的定位和自成体系的乡建理论指导着设计团队不断前行。感谢陈长春先生，他针对项目建设与市场相结合提出了很好的思路。感谢廖星臣先生，他对于小镇建设初期合作社的成立给予了中肯的建议。感谢李京先生，他拍摄了很多小镇的照片，生动而美丽。感谢“绿十字”团队成员在项目实施过程中给予高度关注，并且一直协助当地政府部门进行太子小镇的宣传和推广。最后，感谢参与小镇建设过程的所有居民，他们在不耽误自身工作的前提下，积极配合林管局，对自家房屋及周边环境进行改造，充分理解设计意图，以大局为重，不计个人得失，优质、圆满地完成了各家各户的建设工作。

柳建

图书在版编目（CIP）数据

把农村建设得更像农村．太子小镇 / 柳建著．-- 南京 ：江苏凤凰科学技术出版社，2019.2
（中国乡村建设系列丛书）
ISBN 978-7-5713-0079-1

Ⅰ．①把… Ⅱ．①柳… Ⅲ．①农业建筑－建筑设计－荆门 Ⅳ．①TU26

中国版本图书馆CIP数据核字(2019)第013787号

把农村建设得更像农村　太子小镇

著　　者	柳　建
项目策划	凤凰空间／周明艳
责任编辑	刘屹立　赵　研
特约编辑	王雨晨

出版发行	江苏凤凰科学技术出版社
出版社地址	南京市湖南路1号A楼，邮编：210009
出版社网址	http：//www.pspress.cn
总 经 销	天津凤凰空间文化传媒有限公司
总经销网址	http：//www.ifengspace.cn
印　　刷	北京市雅迪彩色印刷有限公司

开　　本	710 mm×1 000 mm　1／16
印　　张	9
版　　次	2019年2月第1版
印　　次	2019年2月第1次印刷

标准书号	ISBN 978-7-5713-0079-1
定　　价	58.00元

图书如有印装质量问题，可随时向销售部调换（电话：022-87893668）。